# Forschungsberichte  iwb

**Band 89**

Berichte aus dem
Institut für Werkzeugmaschinen
und Betriebswissenschaften
der Technischen Universität
München

Herausgeber:
Prof. Dr.-Ing. G. Reinhart
Prof. Dr.-Ing. J. Milberg

Springer-Verlag
Berlin Heidelberg GmbH

# Thomas Eder

# Integrierte Planung von Informationssystemen für rechnergestützte Produktionssysteme

Mit 62 Abbildungen

Springer-Verlag
Berlin Heidelberg GmbH 1995

Dipl.-Ing. Thomas Eder
Institut für Werkzeugmaschinen und Betriebswissenschaften (iwb), München

Univ.-Prof. Dr.-Ing. G. Reinhart
o. Professor an der Technischen Universität München
Institut für Werkzeugmaschinen und Betriebswissenschaften (iwb), München

Univ.-Prof. Dr.-Ing. J. Milberg
o. Professor an der Technischen Universität München
Institut für Werkzeugmaschinen und Betriebswissenschaften (iwb), München

D 91

ISBN 978-3-540-59084-2          ISBN 978-3-662-12099-6 (eBook)
DOI 10.1007/978-3-662-12099-6

# Geleitwort der Herausgeber

Die Produktionstechnik ist für die Weiterentwicklung unserer Industriegesellschaft von zentraler Bedeutung. Denn die Leistungsfähigkeit eines Industriebetriebes hängt entscheidend von den eingesetzten Produktionsmitteln, den angewandten Produktionsverfahren und der eingeführten Produktionsorganisation ab. Erst das optimale Zusammenspiel von Mensch, Organisation und Technik erlaubt es, alle Potentiale für den Unternehmenserfolg auszuschöpfen.

Um in dem Spannungsfeld Komplexität, Kosten, Zeit und Qualität bestehen zu können, müssen Produktionsstrukturen ständig neu überdacht und weiterentwickelt werden. Dabei ist es notwendig, die Komplexität von Produkten, Produktionsabläufen und -systemen einerseits zu verringern und andererseits besser zu beherrschen.

Ziel der Forschungsarbeiten des *iwb* ist die ständige Verbesserung von Produktentwicklungs- und Planungssystemen, von Herstellverfahren und Produktionsanlagen. Betriebsorganisation, Produktions- und Arbeitsstrukturen und Systeme zur Auftragsabwicklung im Unternehmen werden unter besonderer Berücksichtigung mitarbeiterorientierter Anforderungen entwickelt. Die dabei notwendige Steigerung des Automatisierungsgrades darf jedoch nicht zu einer Verfestigung arbeitsteiliger Strukturen führen. Fragen der optimalen Einbindung des Menschen in den Produktentstehungsprozeß spielen deshalb eine sehr wichtige Rolle.

Die im Rahmen dieser Buchreihe erscheinenden Bände stammen thematisch aus den Forschungsbereichen des *iwb*. Diese reichen von der Produktentwicklung über die Planung von Produktionssystemen hin zu den Bereichen Fertigung und Montage. Steuerung und Betrieb von Produktionssystemen, Qualitätssicherung, Verfügbarkeit und Autonomie sind Querschnittsthemen hierfür. In den *iwb*-Forschungsberichten werden neue Ergebnisse und Erkenntnisse aus der praxisnahen Forschung des *iwb* veröffentlicht. Diese Buchreihe soll dazu beitragen, den Wissenstransfer zwischen dem Hochschulbereich und dem Anwender in der Praxis zu verbessern.

<br>

*Joachim Milberg*                                        *Gunther Reinhart*

# Vorwort

Die vorliegende Dissertation entstand neben meiner Tätigkeit als wissenschaftlicher Mitarbeiter und als Abteilungsleiter am Institut für Werkzeugmaschinen und Betriebswissenschaften (*iwb*) der Technischen Universität München.

Herrn Prof. Dr.-Ing. Joachim Milberg, unter dessen Leitung diese Dissertation entstanden ist, gilt mein besonderer Dank für die wohlwollende Förderung und großzügige Unterstützung meiner Arbeit.

Herrn Prof. Dr.-Ing. Dieter Spath, dem Leiter des Instituts für Werkzeugmaschinen und Betriebstechnik der Universität Karlsruhe, danke ich sehr herzlich für sein Interesse an der Arbeit und für die Übernahme des Koreferates.

Allen Mitarbeitern des Instituts und allen Studenten, die mich bei der Erstellung meiner Arbeit unterstützt haben, möchte ich meinen tiefen Dank aussprechen.

Schließlich gilt mein Dank auch meiner Familie und meinen Freunden, deren Motivation, Engagement und Vertrauen wesentlich zum Gelingen meiner Arbeit beigetragen haben.

München, im Oktober 1994                                   *Thomas Eder*

# Inhaltsverzeichnis

# Verzeichnis der Abkürzungen

| | |
|---|---|
| BDE | Betriebs-Daten-Erfassung |
| CAD | Computer Aided Design |
| CAM | Computer Aided Manufacturing |
| CAM-DB | Computer Aided Manufacturing-Datenbasis |
| CAP | Computer Aided Planning |
| CIM | Computer Integrated Manufacturing |
| CIM-OSA | Computer Integrated Manufacturing-Open Standard Architecture |
| DAE | Distributed Automated Edition |
| DF | Datenfluß |
| DIN | Deutsche Industrie Normen |
| DM1,2 | Drehmaschine 1,2 |
| DNC | Direct Numerical Control |
| DP | Datenprozeß |
| DS | Datenspeicher |
| DV | Datenverarbeitung |
| DZ1,2 | Drehzelle 1,2 |
| EDV | Elektronische Daten-Verarbeitung |
| EK | Endknoten |
| ERM | Entity-Relationship-Model |
| ESPRIT | European Strategic Program for Research and Development in Information Technology |
| FFI | Flexible Fertigungsinsel |
| FFS | Flexibles Fertigungssystem |
| FFZ | Flexible Fertigungszelle |
| FTS | Fahrerloses Transportsystem |
| HW | Hardware |
| IBM | International Business Machines |
| IS | Informationssystem |
| ISO | International Standard Organisation |
| IT | Informationstechnik |
| IV | Informationsverarbeitung |
| IWB | Institut für Werkzeugmaschinen und Betriebswissenschaften der TU München |

| | |
|---|---|
| KB | Kilo-Byte |
| KMM | Koordinaten-Meß-Maschine |
| LAN | Local Area Network |
| LS | Leitsystem |
| MAP | Manufacturing Automation Protocol |
| MB | Mega-Byte |
| MZ | Meßzelle |
| MZR | Materialflußzellenrechner |
| NC | Numerical Control |
| OOA | Object Oriented Analysis |
| OS/2 | Operating System 2 |
| PC | Personal Computer |
| PlatoBit | Planungstool Bereich Informationstechnik |
| PlatoMAP | Planungstool Materialfluß- und Anlagenplanung |
| PPS | Produktions-Planung und -Steuerung |
| PVF | Produktionsvorfeld |
| REFA | Verband für Arbeitsstudien |
| SA | Structured Analysis |
| SA/RT | Structured Analysis / Real-Time |
| SW | Software |
| VDI | Verein Deutscher Ingenieure |
| VK | Virtuelle Komponente |
| VMS | Virtual Machine System |
| ZR | Zellenrechner |

# 1  Einleitung

## 1.1  Ausgangssituation

Die Wettbewerbsbedingungen haben sich für viele Produktionsunternehmen in den letzten Jahren verändert. Wettbewerbsvorteile lassen sich durch mengenmäßige Kostendegression und durch Differenzierung immer schwerer erreichen. Sie können aber über einen schnellen Markteintritt mit innovativen, optimal an die Marktbedürfnisse angepaßten und qualitativ hochwertigen Produkten zeitlich begrenzt erreicht werden. Dem Zeitsparen als strategischem Instrument für die Erzielung von Wettbewerbsvorteilen kommt deshalb bei der Formulierung der Wettbewerbsstrategie eines Unternehmens eine entscheidende Bedeutung zu [Milb 91]. Zur Umsetzung dieser Wettbewerbsstrategie müssen alle Anstrengungen unternommen werden, um die Produkte schneller zu entwickeln und zu produzieren sowie dadurch die Zeit von der Produktidee bis zum Markteintritt zu minimieren [BtMi 91, WiBi 90].

Neue Organisationsformen, wie z.B. Simultaneous Engineering bei der Produktentwicklung und flexibel automatisierte Fertigungssysteme in der Produktion, in Verbindung mit dafür entwickelten Rechnerhilfsmitteln werden als erfolgversprechende Ansätze angesehen, den Anforderungen des Marktes gerecht zu werden [Holz 92, MiKo 92]. Unter dem Einfluß der momentan diskutierten Produktionsstrategie "Schlanke Produktion" [WoEA 90] und durch die schlechten Erfahrungen im Umgang mit nicht beherrschten komplexen Systemen geschieht die Einführung flexibel automatisierter Fertigungssysteme allerdings zurückhaltend. Wie auch in [WoEA 90] hingewiesen, muß ganz im Gegensatz zu diesem Trend ein Ziel der Produktionsunternehmen die sinnvolle und kontrollierte Steigerung der Automatisierung und des Rechnereinsatzes in Produktionsanlagen sein, die aber tendenziell mit einem Anstieg der Komponentenanzahl, -vielfalt und -vernetzung verbunden ist [MiEd 93]. Wie anhand der in Bild 1 dargestellten Kostenanteile für Mechanik, Elektronik und für Software in Produktionssystemen hervorgeht, waren früher die Fertigungsmittel durch einen sehr hohen Mechanikanteil gekennzeichnet. Mittlerweile werden in Produktionsanlagen viele Aufgaben, die bisher mechanisch gelöst wurden, durch elektronische Bauteile übernommen (z.B. im Bereich von Endschaltern). Darüber hinaus werden zur Steuerung und Überwachung der in einem Fertigungssystem eingesetzten Maschinen Komponenten der elektronischen Datenverarbeitung (Rechner, Software, Netzwerke) benötigt und verwendet. Diese Entwicklungen wirken sich auf die Kostenanteile von Produktionssystemen aus. Nach einer Trendstudie betragen zukünftig die Kosten für Elektronik und Software ca. zwei Drittel der Gesamtkosten [Kohe 90].

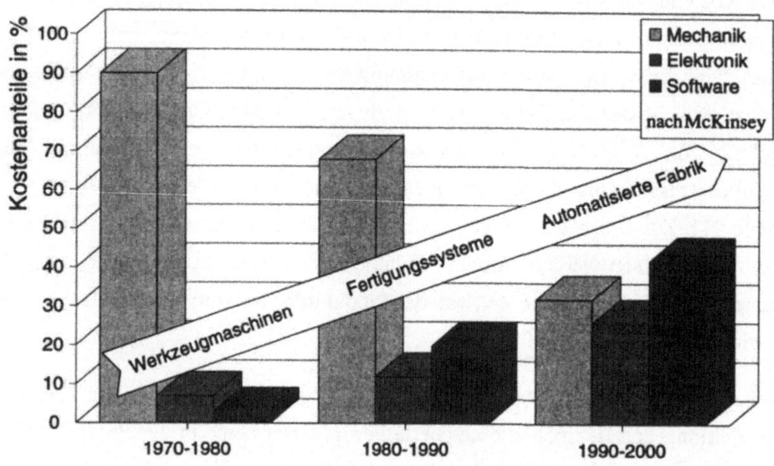


*Bild 1:    Entwicklung der prozentualen Kostenanteile [Kohe 90]*

Diese erwartete und geforderte Steigerung des Automatisierungsgrads und des Rechnereinsatzes bedeutet für die Fabrikplanung heutiger Prägung, immer komplexere Aufgabenstellungen bei sich verkürzenden Planungszyklen und bei nahezu konstanten Planungskapazitäten zu bewältigen [KrOd 93]. Die Folge davon ist tendenziell eine Verringerung der Planungsgenauigkeit und Planungsqualität [Schö 91a]. Um trotz dieser verschärften Bedingungen optimale Planungsergebnisse erzielen zu können, sind leistungsfähige Methoden und Werkzeuge für die Planung von Produktionssystemen erforderlich [KrOd 93]. Für die Planung des *Bearbeitungssystems* und des *Materialflußsystems* eines Produktionssystems sind im Rahmen der Fabrikplanung [Aggt 81, KeEA 84, Wien 86] bereits seit vielen Jahren leistungsfähige Methoden und Rechnerwerkzeuge entwickelt worden. Für das *Informationssystem*, das die Rechnerunterstützung eines Produktionssystems beinhaltet, liegen entweder sehr umfassende, aber abstrakte und noch in der Konzeptphase befindliche Ansätze oder auf Teilgebiete beschränkte Konzepte vor (vgl. [Erke 88, Frey 92, Klev 90, Ochs 88, Pans 90, Scho 90]).

## 1.2   Zielsetzung

Um Produktionssysteme im Hinblick auf die Marktanforderungen optimal gestalten zu können, werden Planungsmethoden und rechnerunterstützte Planungswerkzeuge benötigt, mit denen sich am Gesamtsystem orientierte Planungsvorschläge für die einzelnen produktions- und informationstechnischen Teilsysteme entwickeln lassen. Wie beschrieben, sind einerseits die Planungskonzepte und -werkzeuge für die Bearbeitungs- und Materialflußsysteme im Vergleich zu denen für Informationssysteme weiter entwickelt. Andererseits wird der Anteil an informationstechnischen Komponenten in Produktionssystemen auch künftig steigen.

Das zentrale Ziel dieser Arbeit ist daher, einen integrierten Ansatz zur Planung von Informationssystemen in rechnerunterstützten Produktionssysteme zu erarbeiten. Dieser Ansatz soll sowohl die aufeinander abgestimmte und konsistente Planung der produktions- und informationstechnischen Teilsysteme als auch eine Verringerung der benötigten Planungszeit ermöglichen. Zur Zielgruppe dieses Planungskonzepts gehören sowohl Planungsabteilungen von Produktionsunternehmen als auch EDV-Systemhäuser.

Integration soll in diesem Zusammenhang zum einen bedeuten, daß das Informationssystem als integraler Bestandteil eines Produktionssystems betrachtet werden soll, der auch bei Verwendung von Standardkomponenten in optimaler Weise an die Fertigungs- und Transportmittel angepaßt werden kann. Zum anderen soll Integration die datentechnische und funktionale Einbindung der Planung von Informationssystemen in die durchgängige Prozeßkette zur Planung von rechnerunterstützten Produktionssystemen bedeuten. Dadurch läßt sich das Modell eines zu planenden Produktionssystems, das das Ergebnis vorausgegangener Planungsphasen (z.B. Anlagenplanung) darstellt, zur Ermittlung der benötigten Rechnerunterstützung nützen. Unter Berücksichtigung dieser analysierten Daten können in Verbindung mit den Planungskriterien und dem Planungswissen geeignete Konzepte für die Informationsverarbeitung und den Informationsfluß in dem betrachteten Produktionssystem entworfen sowie die dazu notwendigen EDV-Komponenten (Hard- und Software) aufgezeigt werden (siehe Bild 2).

Das Ergebnis der Informationssystem-Planungsphase soll eine datentechnische Beschreibung des für das Produktionssystem maßgeschneiderten Informationssystems sein, die alle rechnerunterstützten Funktionen, Hard- und Software-Komponenten sowie ihre Zusammenhänge beinhaltet. Diese Daten können im Rahmen der Planungskette von Produktionssystemen weiterverwendet werden.

Zur effizienten Unterstützung dieses Konzepts soll im Rahmen dieser Arbeit ein geeignetes Rechnerwerkzeug entworfen und prototypisch umgesetzt werden.

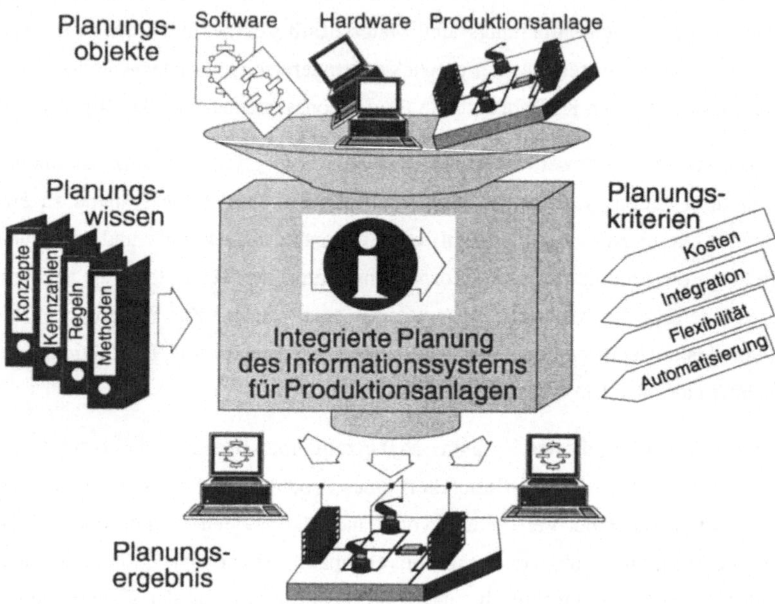


*Bild 2:    Rechnerwerkzeug zur integrierten Planung von Informationssystemen*


## 1.3    Vorgehen

In Kapitel 2 sollen die systemtechnischen Grundlagen für das Planungskonzept erarbeitet werden. Dazu ist zu untersuchen, aus welchen Planungsobjekten sich Informationssysteme zusammensetzen, in welchem Zusammenhang sie zueinander stehen und von welchen unveränderlichen Randbedingungen ihre Auswahl und Auslegung abhängt. Wie in Bild 3 dargestellt, werden dazu Produktionssysteme in ihre prinzipiellen Teilsysteme strukturiert, die Stellung des Informationssystems innerhalb eines Produktionssystems ermittelt und die zur Erfüllung der Marktbedürfnisse relevanten Formen rechnerunterstützter Produktionssysteme vorgestellt. Die Untersuchung von Informationssystemen zeigt, welchen Einfluß die Stellung eines Informationssystems auf die darin zu lösenden Aufgaben ausübt und welche Möglichkeiten im Bereich der Informationstechnik zur Unterstützung dieser Aufgaben durch Hard- und Softwarekomponenten existieren.

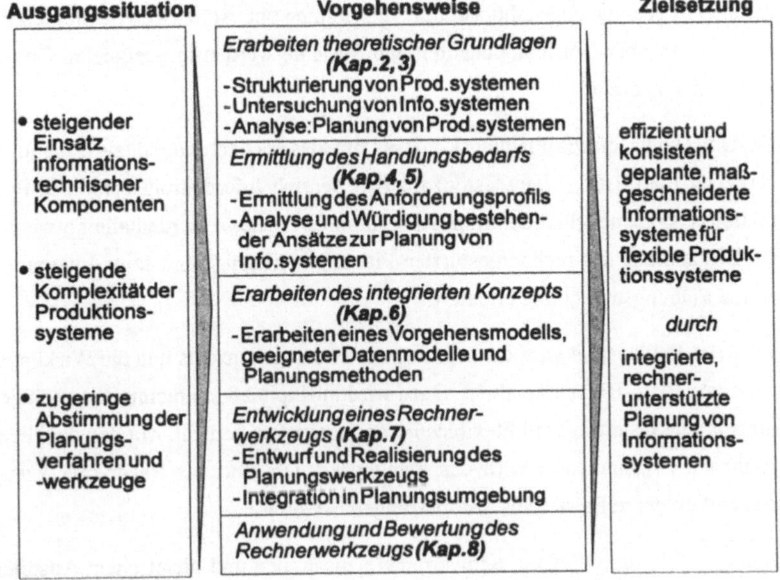


*Bild 3:    Vorgehen und Schwerpunktsetzung im Rahmen der Arbeit*

Aufbauend auf den Beschreibungen der Produktions- und Informationssysteme wird in Kapitel 3 analysiert, wie rechnerunterstützte Produktionssysteme generell geplant werden. Durch diese Darstellungen werden die Stellung der Planung von Informationssystemen in der ganzen Planungskette eines Produktionssystems und damit die Abhängigkeiten zu den anderen Planungsphasen ersichtlich.

Anhand dieser Ergebnisse und der Beschreibung eines "üblichen" Vorgehens bei der Planung von Informationssystemen wird in Kapitel 4 das Anforderungsprofil sowohl für das Konzept als auch für das rechnerunterstützte Planungswerkzeug spezifiziert. Auf der Basis dieses Anforderungsprofils werden in Kapitel 5 die bestehenden Ansätze und Werkzeuge charakterisiert, ihre Eignung und Vorbildfunktion für diese Arbeit bewertet und der erforderliche Handlungsbedarf auf diesem Gebiet ermittelt.

Darauf aufbauend wird in Kapitel 6 ein geeignetes Konzept für die integrierte Planung von Informationssystemen in rechnerunterstützten Produktionssystemen entwickelt. Dazu wird ein Vorgehensmodell erarbeitet, das den methodischen Rahmen dieser Planungsaufgabe bildet. Die darin enthaltenen Planungsphasen werden mit geeigneten Methoden und Algorithmen unterstützt. Die benötigten informationstechnischen Komponenten und Systeme werden in geeigneten Datenmodellen abgebildet.

Die Umsetzung dieses Planungskonzepts auf das rechnerunterstützte Planungswerkzeug Plato-BIT (*Pla*nungs*tool* für den *B*ereich *I*nformations*technik* in Produktionssystemen) bildet den Inhalt des Kapitels 7. Hierin werden alle notwendigen Bestandteile des rechnergestützten Planungswerkzeugs und seine Integration in eine Planungsumgebung erläutert.

An einem Fallbeispiel wird die Eignung des Planungskonzepts und die Wirkungsweise von Plato-BIT verdeutlicht. Dazu wird in Kapitel 8 ein rechnerunterstütztes Informationssystem für ein Flexibles Fertigungssystem geplant. Mit den dabei gewonnenen Erkenntnissen wird das Planungskonzept und das Rechnerwerkzeug hinsichtlich der aufgestellten Anforderungen bewertet.

Kapitel 9 faßt die gesetzten Schwerpunkte zusammen und bietet einen Ausblick über mögliche zukünftige Arbeiten.

# 2   Rechnerunterstützung in Produktionssystemen

## 2.1   Überblick

Die Festlegung der zu betrachtenden Produktionssysteme ist die Voraussetzung für die Untersuchung der erforderlichen Rechnerunterstützung eines Informationssystems. Dazu werden Produktionssysteme in ihre Teilsysteme gegliedert, die Stellung des Informationssystems innerhalb eines Produktionssystems ermittelt und die zur Erfüllung der Marktbedürfnisse geeigneten Formen rechnerunterstützter Produktionssysteme dargestellt. Darauf aufbauend können die Aufgaben des Informationssystems untersucht werden, die durch informationstechnische Komponenten unterstützt werden können. Entscheidend für die Gestaltung des Informationssystems sind die Randbedingungen, die sich aus der Auswahl der Maschinen und der Struktur eines Produktionssystems ergeben. Die Untersuchung des Informationstechnik-Bereichs zeigt, welche Hard- und Softwarekomponenten in Informationssystemen eingesetzt werden.

## 2.2   Rechnerunterstützte Produktionssysteme

### 2.2.1   Funktionen und Aufbau eines Produktionssystems

Unter dem Begriff *Produktionssystem* werden nach REFA [N.N. 87] Arbeitssysteme zur Herstellung von Produkten verstanden. Diese Arbeitssysteme können sowohl aus automatisierten als auch aus manuellen Arbeitsplätzen bestehen, die über Material- und Informationsflüsse miteinander verbunden sind. Die zur Durchführung des Produktions- und Arbeitsprozesses notwendigen Teilfunktionen lassen sich nach [Spur 82, Mert 84] den drei sich ergänzenden Teilsystemen eines Produktionssystems zuordnen (siehe Bild 4):

Das *Bearbeitungssystem* dient zur unmittelbaren Produktion gemäß einer vorgegebenen Produktionsarbeitsaufgabe. Es umfaßt alle Betriebsmittel, die direkt am Produktionsfortschritt beteiligt sind, wie z.B. Maschinen, Werkzeuge, Meß- und Prüfmittel etc. [Jäge 91, Mert 84].

- Innerhalb des *Materialfluß-Systems* werden nach der VDI-Richtlinie 2860 Werkstücke und Betriebsmittel gehandhabt, transportiert und gelagert.

- Das *Informationssystem* übernimmt dabei alle Funktionen der Steuerung und Überwachung des Produktionsablaufs [Hert 91]. Dazu gehören die Aufgaben: Speichern, Verwalten, Bearbeiten, Senden und Empfangen von Informationen. Zur Durchführung ihrer Aufgaben erhält es aus den vorgelagerten Bereichen der Produktion die notwendigen Informationen, um sie aufbereitet an das Materialfluß- und Bearbeitungssystem weiterzugeben [Jäge 91].

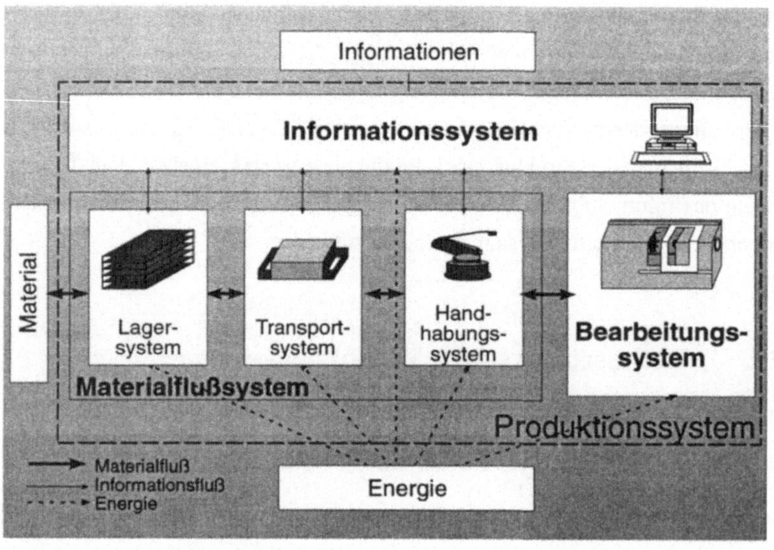


*Bild 4:    Teilsysteme eines Fertigungssystems [Spur 82,Mert 84]*


## 2.2.2    Organisationsformen rechnergestützter Produktionssysteme

Je nach Anzahl, Art und Anordnung der in den Teilsystemen zum Einsatz kommenden Betriebsmittel ergeben sich unterschiedliche Formen von Produktionssystemen, auch Fertigungsorganisationen genannt. Nach [Wien 89] sind die Verrichtungs- und Fließfertigung die beiden wesentlichen Organisationsformen.

Bei der *Verrichtungsfertigung* oder Werkstättenfertigung werden verschiedene, spezialisierte Tätigkeiten (z.B. Drehen, Fräsen) räumlich und zeitlich getrennt durchgeführt. Vorteilhaft ist hierbei die flexible Anpassung an unterschiedliche Werkstücke. Nachteilig ist die lange Durchlaufzeit, da jedes Teil eines Loses an einer Arbeitsstation bleibt, bis das komplette Los bearbeitet ist.

Im Gegensatz zur Verrichtungsfertigung ist bei der *Fließfertigung* die Fertigung nach den Arbeitserfordernissen eines Erzeugnisses aufgebaut und wird daher auch als Erzeugnis- oder Fließprinzip bezeichnet [Wien 89]. Sie hat den Vorteil kurzer Durchlaufzeiten, da die Teile zwischen den Arbeitsgängen nicht weit transportiert und nicht lange zwischengelagert werden müssen. Der Nachteil besteht allerdings in dem großen Umrüstaufwand bei einem neuen Werkstück, das auf einer nach dem Fließprinzip aufgebauten Anlage gefertigt werden soll.

Um die Vorteile des kurzen Teiledurchlaufs bei der Fließfertigung mit der Flexibilität der Werkstättenfertigung in einem Fertigungssystem nutzen zu können, wurden flexible Fertigungskonzepte entwickelt. Mit ihnen können vor allem Teilegruppen effizient gefertigt werden. Man macht sich zunutze, daß zwischen den Varianten einer Teilefamilie sich die Art und Reihenfolge der Bearbeitungsoperationen nicht wesentlich ändern und damit nur geringe Umstellungen (z.B. Werkzeugtausch, Änderung der NC-Programmparameter) erforderlich sind [Wien 89].

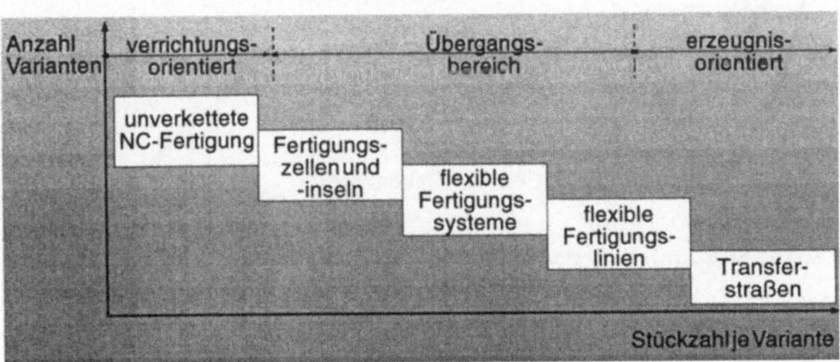


*Bild 5:   Ausprägungen der Fertigungsorganisationstypen [nach Eversheim]*

In Bild 5 sind die wesentlichen Ausprägungen der oben genannten Organisationstypen dargestellt und anhand der Unterscheidungsmerkmale 'Anzahl der Varianten' und 'Stückzahl je Variante' eingeordnet.

Innerhalb der unverketteten *NC-Werkstättenfertigung* kommen manuell bediente CNC-Maschinen und Bearbeitungszentren zum Einsatz. Mittels Bearbeitungszentren kann die Produktivität gegenüber konventionellen CNC-Maschinen gesteigert werden, da sich Haupt- und Rüstzeiten parallelisieren und Nebentätigkeiten automatisieren lassen [Dill 92].

Werden CNC-Maschinen oder Bearbeitungszentren um automatisierte Peripheriekomponenten erweitert, spricht man von einer *flexiblen Fertigungszelle*. Sie ist ein einstufiges Produktionssystem und kann aus einer bis mehreren, numerisch gesteuerten Werkzeugmaschinen bestehen. In Bild 6 ist die Struktur einer flexiblen Fertigungszelle dargestellt.

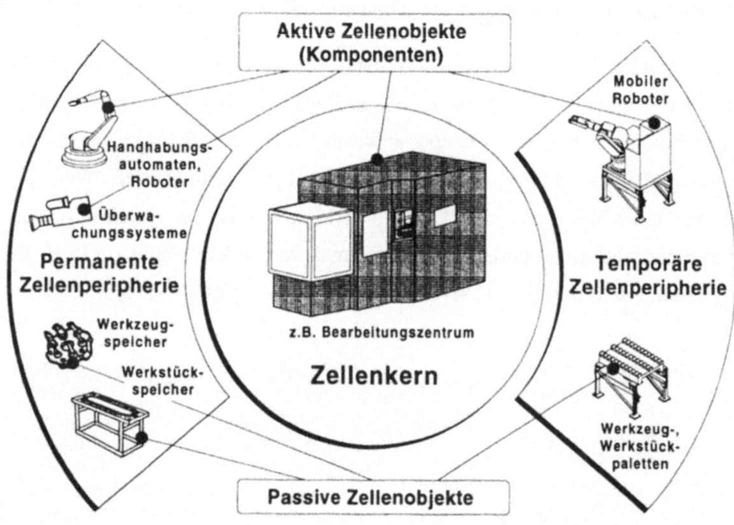


*Bild 6:   Struktur und Bestandteile einer flexiblen Produktionszelle [Glas 93]*

Dabei bilden nach [Groh 88] die CNC-Maschinen oder Bearbeitungszentren den Zellenkern. Dazu kommen weitere Zellenobjekte, die zur permanent oder temporär der Zelle zugeordneten Zellenperipherie gehören. Man unterscheidet zwischen passiven und aktiven Zellenobjekten. Die aktiven Zellenobjekte, in [Schö 92b] auch als Komponenten bezeichnet, können im Gegensatz zu den passiven Objekten Aktionen ausführen und sind mit der übergeordneten Zellensteuerung über ein Kommunikationsmedium verbunden. Bei den aktiven Peripheriekomponenten handelt es sich um Werkstück- und Werkzeugwechsel-Einrichtungen sowie Meß- und Überwachungskomponenten. Mit Hilfe der automatisierten Komponenten können ähnliche Werkstücke über einen längeren Zeitraum hinweg selbständig bearbeitet werden [Dill 92, Kief 92, Vieh 92].

Bei einem *flexiblem Fertigungssystem* (FFS) handelt es sich nach [Herz 59] um ein generelles Konzept zur automatischen, ungetakteten, richtungsfreien und damit hochflexiblen Fertigung einer definierten Gruppe ähnlicher Teile. Ein FFS besteht im allgemeinen aus flexiblen Fertigungszellen. Allen FFS-Konzepten ist der automatische Werkstück- und Werkzeugtransport sowie eine übergeordnete rechnerunterstützte Steuerung und Koordination der Abläufe in Form eines Leitsystems gemeinsam [Dill 92, Kief 92, Wien 89].

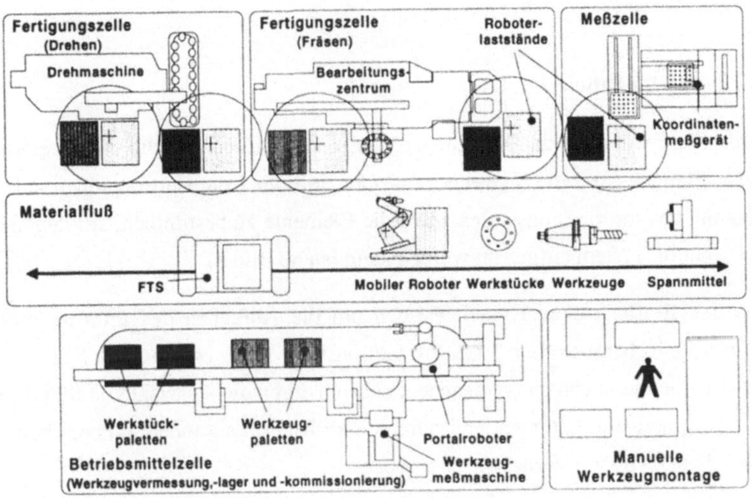


*Bild 7:   Layout des flexiblen Fertigungssystems am iwb*

Bild 7 zeigt das Layout eines am Institut für Werkzeugmaschinen und Betriebswissenschaften (iwb) der TU München installierten flexiblen Fertigungssystems. Es besteht aus zwei Fertigungszellen, einer Meßzelle und einer Betriebsmittelzelle mit einem angegliederten manuellen Werkzeugmontageplatz. Ein fahrerloses Transportsystem (FTS) realisiert den Materialfluß zwischen den Zellen.

*Transferstraßen* bauen auf dem Fließprinzip auf und sind durch einen gerichteten Materialfluß mit getaktetem Werkstücktransport gekennzeichnet. Eine Weiterentwicklung davon sind *Flexible Fertigungslinien*, bei denen die Verzweigung zwischen einzelnen Bearbeitungsstationen möglich ist [Dill 92,Wien 89].

Transferstraßen und Fertigungslinien werden hauptsächlich bei der Großserienfertigung eingesetzt. Nach [Wien 89] wird aber ein Großteil der zur Befriedigung der Marktanforderungen notwendigen Produkte in Einzel- und Kleinserien hergestellt. Für diese Fertigungsarten eignen sich neben der Werkstättenfertigung die flexibel automatisierten Fertigungskonzepte. Die nachfolgenden Untersuchungen konzentrieren sich daher auf diese flexiblen Fertigungsorganisationsformen.

## 2.3 Informationstechnik in Produktionssystemen

### 2.3.1 Überblick

Nach der Festlegung der Fertigungsorganisationsformen, auf die das zu erarbeitende Planungskonzept angewendet werden soll, sind die Einflußgrößen auf die Planung des Informationssystems und die Elemente zu bestimmen, aus denen ein Informationssystem aufgebaut werden kann (siehe Bild 8).

Bei den Einflußgrößen handelt es sich um die Aufgaben des Informationssystems, die es beim Betrieb eines Produktionssystems zu erfüllen hat. Ferner sind die Randbedingungen zu untersuchen, die sich durch die Auswahl von Maschinen und Peripherieeinrichtungen und durch deren Anordnung innerhalb der oben beschriebenen Organisationsformen ergeben.

Zur informationstechnischen Unterstützung der Aufgaben eines Informationssystems können CAM-Systeme herangezogen werden. Sie decken ein bestimmtes Aufgabenspektrum ab und bestehen aus EDV-Komponenten (z.B. Anwendungsprogramme und/oder Hardware). Die wesentlichen CAM-Systeme für die Werkstättenfertigung und die flexibel automatisierte Fertigung werden beschrieben. Um einen Überblick über die Bestandteile eines CAM-Systems zu gewinnen, werden für den Produktionsbereich relevante EDV-Komponenten dargestellt.

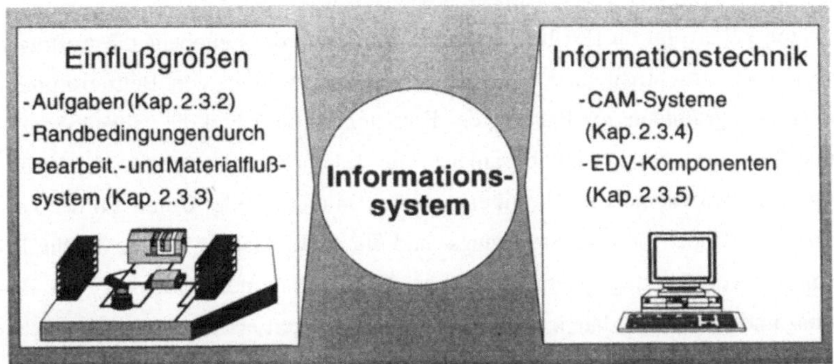


*Bild 8:*   *Einflußgrößen und informationstechnische Bestandteile eines Informationssystems*

## 2.3.2  Aufgaben des Informationssystems

Flexible Produktionssysteme stellen an ihr Informationssystem hohe Anforderungen, die sich in einer großen Variabilität der Aufgabenstellungen und einer hohen Komplexität in bezug auf die benötigten Hilfsmittel widerspiegeln [Kupe 91]. Zur Beherrschung der Komplexität kann der gesamte, mit der Produktion in Verbindung stehende Bereich eines Unternehmens in mehrere hierarchische, informationsverarbeitende Ebenen aufgeteilt werden (siehe Bild 9). Die ISO (International Standard Organisation) definiert dazu ein Ebenenmodell der Informationsverarbeitung, das in fünf Ebenen gegliedert ist [N.N. 86]. Dieses Modell unterscheidet zwischen Planungs-, Leit-, Zellen-, Steuerungs- und Aktor-/Sensor-Ebene. Jeder Ebene werden definierte Aufgaben und relevante Daten mit gleichem Zeithorizont zugeordnet. Innerhalb dieses hierarchischen Modells nehmen die steuernden Aufgaben von oben nach unten zu und die dispositiven Aufgaben ab.

Die oberste Ebene, die *Planungsebene*, ist sowohl zeitlich als auch räumlich vom Produktionsprozeß entkoppelt. Die in dieser Ebene vorkommenden Systeme, wie z.B. PPS, CAD und CAP, erzeugen die organisatorischen und technischen Vorgabedaten zur Durchführung von Produktionsaufträgen.

Die darunterliegenden Ebenen stellen das Informationssystem eines Produktionssystems dar, das in der Literatur mit dem Begriff CAM (Computer Aided Manufacturing) bezeichnet wird [MiEG 90]. Nach [Groh 88, Kief 92, Kupe 91, Scho

92, Vieh 92] erfolgt für flexible Fertigungssysteme in der Leitebene die Auftragsabwicklung einschließlich der Verwaltung und Verteilung von Betriebsmitteln und NC-Programmen, die Planung des Fertigungsablaufs und die zellenübergreifende Steuerung der Produktionsanlage. Die Zellenebene übernimmt die Steuerung und Überwachung der Fertigungsabläufe in einer Zelle. Unterhalb der Zellenebene befinden sich die Steuerungs- und die Aktor-/Sensor-Ebene, die die Informationsverarbeitung (Verarbeiten von NC-Programmen, Erfassen von Betriebs- und Maschinendaten, Alarmieren bei Störungen etc.) in den eingesetzten Maschinensystemen beinhaltet. Ferner gibt es Aufgaben, die Querschnittscharakter besitzen und somit nicht nur einer Ebene zugeordnet werden können. Dabei handelt es sich um die Aufgaben Qualitätssicherung und Diagnose bei Störungen im Produktionssystem.

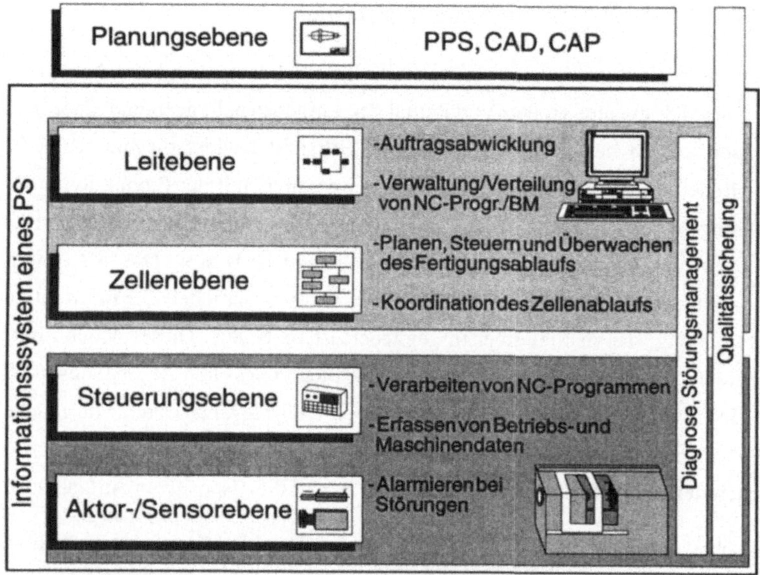


*Bild 9:    Struktur und Aufgaben eines Informationssystems*


## 2.3.3    Randbedingungen des Informationssystems

Die Auswahl und Dimensionierung der Elemente eines Informationssystems können nicht unabhängig von den Komponenten des Bearbeitungs- und Materialflußsystems erfolgen. Durch die Selektion und Anordnung der CNC-Maschinen und aktiver Peripherie-Komponenten entstehen für das Informationssystem sowohl technische als auch organisatorische Randbedingungen, die im folgenden näher erläutert werden.

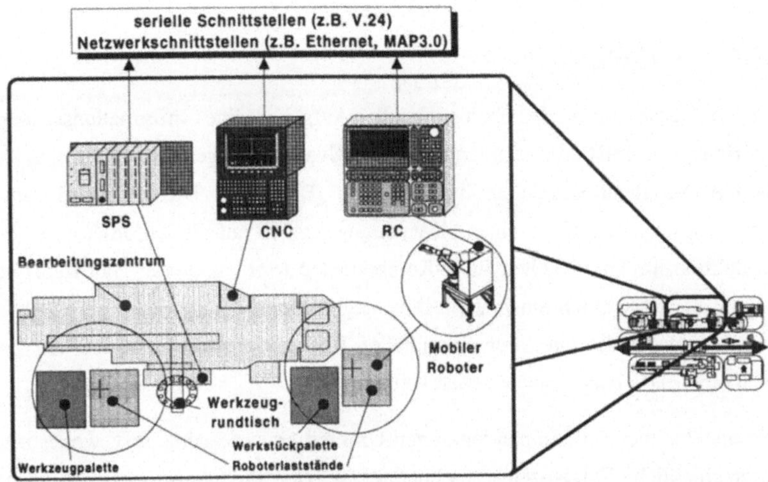


*Bild 10:   Technische Randbedingungen des Informationssystems resultierend aus der Auswahl der Maschinen und der Peripheriekomponenten*

Bild 10 zeigt ein Beispiel für den Aufbau einer flexibel automatisierten Fertigungszelle. Ein Bearbeitungszentrum mit zwei Werkstückpaletten stellt den Zellenkern dar. Die Werkstückbeschickung übernimmt ein mobiler Industrieroboter. Die Werkzeugversorgung erfolgt über einen Rundtisch, der als Zwischenpuffer zwischen einer Werkzeugpalette und der Werkzeugkette fungiert. Die Steuerung dieser Fertigungseinrichtungen wird von Ablaufsteuerungen (SPS) und von numerischen Gerätesteuerungen (CNC, RC) übernommen. Der Datenaustausch kann über serielle und/oder Netzwerk-Schnittstellen erfolgen [Glas 93] (siehe Kapitel 2.3.5). Die Daten sind in ihrem Format und Inhalt genau definiert. Da die Steuerungen Bestandteile der Maschinen sind, werden sie durch die Auswahl der Maschinen festgelegt [Beck 91]. Sie stellen damit die *technischen Randbedingungen* für die Elemente eines Informationssystems dar.

Die hierarchische Aufbaustruktur eines Fertigungssystems legt die *organisatorischen Randbedingungen* für ein Informationssystem fest. Diese Randbedingungen stehen in direktem Zusammenhang mit den informationsverarbeitenden Ebenen nach [N.N. 86] und legen die Aufgaben und die Anzahl der Elemente des Informationssystems in den Organisationseinheiten fest.

### 2.3.4    CAM-Systeme

Um die Durchführung der oben genannten Aufgaben eines Informationssystems zu erleichtern, existieren rechnerunterstützte Systemlösungen, die in der Literatur als CAM-Systeme bezeichnet werden (vgl. [Beck 91]). Diese CAM-Systeme können sowohl aus allgemeinen als auch aus speziell auf die Anforderungen der Produktion hin entwickelten EDV-Komponenten (Soft- und/oder Hardware) bestehen. Sie lassen sich hinsichtlich ihrer angebotenen Funktionen, ihrer Aufbau- und Ablauforganisation, ihrer prinzipiellen Informationsstrukturen und den verwendeten EDV-Komponenten charakterisieren.

Die angebotenen Funktionen legen den Umfang eines Systems fest, wobei zwei unterschiedliche Tendenzen in rechnerunterstützten Produktionssystemen zu beobachten sind. Zum einem gibt es Systeme, die ein relativ begrenztes Aufgabenspektrum (z.B. NC-Programmverteilung) abdecken und nebeneinander eingesetzt werden können. Zum anderen ist das Aufgabenspektrum moderner Konzepte (z.B. CAM-Steuerungs-System) unter Berücksichtigung eines modularen Aufbaus umfassender angelegt, da die gleichzeitige Verwendung unabhängig voneinander entwickelter Systeme eine unerwünschte Komplexitätssteigerung und ihren negativen Begleiterscheinungen mit sich bringen kann [MiEd 93].

Tabelle 1 zeigt die wesentlichen CAM-Systeme, die heutzutage in rechnerunterstützten Produktionssystemen verwendet werden, und ihre Funktionen, die sie zur Unterstützung der in Bild 9 gezeigten Aufgaben anbieten. Leitsysteme, Zellensteuerungen und CAM-Steuerungs-Systeme werden nachfolgend genauer dargelegt, da sie im Verlauf der Arbeit zur Erläuterung der Sachverhalte herangezogen werden. Für eine detaillierte Beschreibung der anderen CAM-Systeme wird an dieser Stelle auf die einschlägige Literatur verwiesen [Geit 90, Kahl 92, Kira 89, Milb 92, Reck 90, Schö 91b, Wien 89].

| CAM-System | Funktionen |
|---|---|
| BDE-System | Erfassung von Daten, die während der Produktion entstehen |
| DNC-System | Verwaltung und Verteilung von NC-Programmen |
| Leitsystem, Zellensteuerung, CAM-Steuerungs-System | Auftragsabwicklung inkl. Steuerung auf unterschiedlichen Ebenen |
| Diagnose- und Qualitätssicherungssystem | Erkennung und Behandlung von Störungen des Prozesses, der Maschine und der Produktqualität. |

*Tabelle 1: CAM-Systeme und ihr Funktionsangebot*

**Leitsystem**

Leitsysteme unterstützen neben der Verwaltung und Verteilung von NC-Programmen auch die Planung und Abwicklung der Fertigungsaufträge unter Berücksichtigung terminlicher und kapazitiver Randbedingungen, die in der konventionellen Fertigung häufig der Meister oder Arbeitsverteiler manuell durchführt [Schm 89]. Leitsysteme gibt es in unterschiedlichen Ausprägungen, die sich nach Einsatzgebiet, Grad der Rechnerunterstützung, Anzahl der angebotenen Funktionen etc. unterscheiden [Kupe 91, Schw 91, Wien 89]. Für die Durchführung der Aufgaben eines Leitsystems müssen Möglichkeiten zum Datenaustausch sowohl mit Systemen der Planungsebene (z.B. CAD-, CAP- und PPS-Systeme) als auch mit untergeordneten Systemen, wie z.B. Zellensteuerungen, vorhanden sein [Kupe 91].

**Zellensteuerung**

Auf Zellenebene werden Zellensteuerungen, auch Zellenrechner genannt, eingesetzt, um Teilaufträge eines Fertigungsauftrags abzuwickeln. Diese Systeme führen die Steuerung und Überwachung des Produktions- und Transportablaufs in flexibel automatisierten Fertigungs- und Materialfluß-Zellen durch [GrHe 91, Groh 88, NeEb 91, Weck 90]. Sie empfangen von einem Leitsystem Zellenaufträge mit den dazugehörenden Vorgabedaten und leiten Auftragsfertigmeldungen, Fehlermeldungen sowie verdichtete Betriebs- und Maschinendaten an das Leitsystem zurück. Zellenrechner geben NC-Programme und Parameter an die NC-

Steuerungen der in der Zelle befindlichen Maschinen. Über Steueranweisungen können Aktionen in den NC-Maschinen ausgelöst werden [Glas 93, Vieh 92].

**CAM-Steuerungs-System**

Leitsysteme können in sinnvoller Weise allein betrieben werden. Zellensteuerungen können hingegen nur in Kombination mit einem Leitsystem wirkungsvoll eingesetzt werden. Die Verbindung eines Leitsystems mit Zellenrechnern zu einem System wird in der Literatur als CAM-Steuerungs-System bezeichnet. Es hat als hauptsächliche Aufgabe die automatisierte Auftragsabwicklung in flexibel automatisierten Produktionssystemen [Glas 93, MiEG 90]. In Bild 11 ist die Struktur eines CAM-Steuerungs-Systems dargestellt.

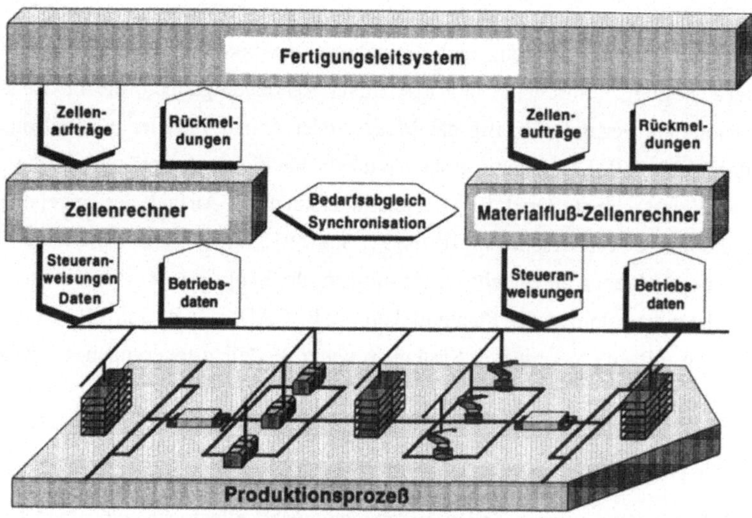


*Bild 11: Struktur eines CAM-Steuerungs-Systems*

## 2.3.5    EDV-Komponenten

Wie oben beschrieben, dient ein CAM-System zur Durchführung einer oder mehrerer Aufgaben eines Informationssystems. CAM-Systeme bestehen aus EDV-Komponenten, bei denen es sich um spezielle Entwicklungen (z.B. Anwendungsprogramme) und um allgemein einsetzbare Komponenten (z.B. Personal-Computer) handeln kann. Nachfolgend wird ein Überblick über die in Produktionssystemen zum Einsatz kommenden EDV-Komponenten gegeben.

EDV-Komponenten lassen sich nach [Beck 91, Frey 92, GoLi 86, Kauf 91] in die drei folgenden Klassen einteilen (siehe Bild 12):

- Software (Anwendungs- und Systemsoftware)

- Hardware (Basis- und Zusatz-Hardware) und

- Netzwerke.

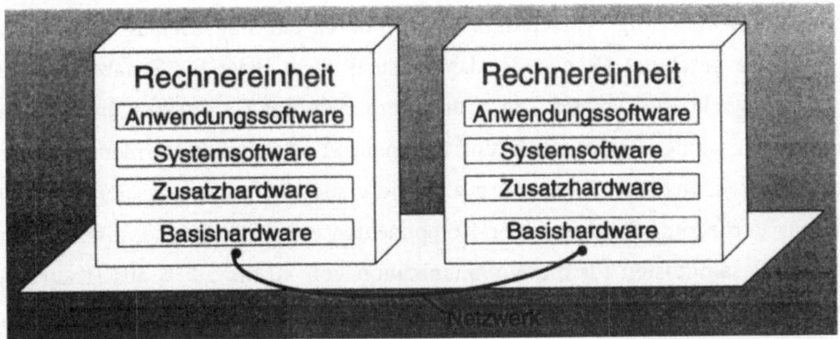


*Bild 12:  Typischer Aufbau eines EDV-Systems*

Unter dem Begriff *Software* werden Programme verstanden, die im Hinblick auf eine von einem Computer zu lösende Aufgabe entwickelt wurden und aus maschinenlesbaren Operationen bestehen. Je nach der zu erfüllenden Aufgabe spricht man von Anwendungs- oder Systemsoftware (siehe Bild 12).

Die *Systemsoftware*, die das Betriebssystem, Dienstprogramme etc. umfaßt, ist auf die Hardware abgestimmt. Sie bilden zusammen die Grundlage für ein EDV-System. Das Betriebssystem stellt das Bindeglied zwischen den Anwendungsprogrammen und der Hardware, aber auch zwischen Hardware und Peripherie dar.

Unter *Anwendungssoftware* versteht man Programme, die entweder von einem Anwender entwickelt werden oder für bestimmte, fest umrissene Aufgaben, wie z.B. Fertigungssteuerung und Fehlerdiagnose, entwickelt worden sind. Anwendungssoftware läßt sich global nach ihrer Aufgabe und ihren Anforderungen an

Betriebssystem, Rechnertyp, Speicherplatz sowie Programm-Bibliotheken (z.B. Datenbank-, Kommunikations- und Betriebssystem-Funktionen) charakterisieren.

Die *Hardware* eines Rechners besteht prinzipiell aus den elektronischen Basiselementen:

- Zentraleinheit, die die Basisoperationen ausführt,

- Speicher, der die Software und die entsprechenden Daten enthält, und

- Ein-/Ausgabegeräte (vgl. [GoLi 86] ).

Diese Basiselemente werden vor den rauhen, in einer Produktionsanlage vorherrschenden Umweltbedingungen (Temperatureinflüsse, elektro-magnetische Störungen, Erschütterung, Verschmutzung etc.) durch ein industrietaugliches Rechnergehäuse geschützt [Bend 93], das meistens noch Platz für Zusatzhardware, wie z.B. Steckkarten, bietet. Die Kombinierbarkeit der Hardware-Komponenten war bis vor wenigen Jahren aufgrund fehlender Standards und Normen stark eingeschränkt [Ochs 88]. So machten z.B. individuelle Verbindungselemente, die für die Vernetzung inkompatibler Komponenten erforderlich sind, einen Anteil an den Gesamtkosten für die Kommunikation von 30 bis 50 % aus [Kauf 91]. Deshalb werden nunmehr in fast allen Sparten des EDV-Bereichs (z.B. Kommunikation, Präsentation und Datenhaltung [SuSi 84, EvBe 89, Nick 90]) Standards entwickelt und eingeführt. Damit ist es möglich, Zusatzhardware unterschiedlicher Hersteller für verschiedene Aufgaben (z.B. Kommunikation in Netzwerken oder die Ansteuerung von Peripheriekomponenten wie Sensoren) einzubauen und den Datenaustausch zwischen Basis- und Zusatzhardware über einen standardisierten, internen Datenbus zu gewährleisten.

Aufgrund der rasanten Entwicklung auf dem EDV-Markt, die z.B. zu einer steten Leistungssteigerung und Miniaturisierung der Hardware führen, sind die Grenzen zwischen den einzelnen Rechnertypen fließend. Bei den derzeit im Produktionsbereich eingesetzten Rechnertypen handelt es sich um Personal-Computer (PC) und Workstations, die die Nutzung der Rechenleistung direkt vor Ort in der Produktion (z.B. in Fertigungszellen oder Leitständen) erlauben [Ever 89]. Durch die hohe Rechenleistung eines Arbeitsplatzrechners lassen sich verteilte, dezentrale Strukturen hinsichtlich Daten und Funktionalitäten aufbauen, die allerdings die

Integration der einzelnen Rechner zu einer logischen Gesamtstruktur innerhalb von leistungsstarken Netzwerken erfordern [Kauf 91].

Bei der Beschreibung der Bestandteile eines EDV-Systems gibt es neben der Soft- und Hardware die *Netzwerke* als dritten Bereich. Ihre Aufgabe ist es, die Kommunikation zwischen Programmen und zwischen Rechnern zu ermöglichen. Der Datenaustausch erfolgt nach festen Regeln, den sogenannten Protokollen [Kauf 91]. Dazu gibt es eine Vielzahl an Netzwerkkonzepten und dazugehörigen Komponenten, die aus historischen und technischen Gründen bedingt ist. Typische Netzwerke für Produktionsunternehmen sind die sog. Local Area Networks (LAN). Sie bestehen aus einem Netzwerkbetriebssystem und passenden Programmier-Bibliotheken sowie den Hardwarekomponenten, wie z.B. Schnittstellenkarten, Übertragungsmedium oder Verbindungselementen. Diese Verbindungselemente (z.B. Gateways, Repeater) haben die Aufgaben, Signale auf dem Netzwerk zu verstärken oder unterschiedliche Kommunikationsprotokolle zu konvertieren [Kauf 91]. Neben den herstellerspezifischen Netzwerken sind vor allem die LAN-Konzepte *MAP* (Manufacturing Automation Protocol) und *Profibus* aufgrund ihres standardisierten und herstellerneutralen Aufbaus sowie ihrer auf die Bedürfnisse der Produktion ausgerichteten Kommunikationsschnittstelle zu erwähnen [SuSi 86, N.N. 90a, N.N. 90b]. Die Kommunikation zwischen Systemen der Leit- und Zellenebene erfolgt normalerweise über lokale Netzwerke. Die Ankopplung der Systeme aus der Steuerungsebene an die Zellenebene geschieht meistens über einfache, serielle Schnittstellen (z.B. V.24), die häufig durch unterschiedliche, herstellerspezifische Schnittstellenfunktionen und Datenformate gekennzeichnet sind. Der Datenaustausch zwischen lokalen Netzwerken und seriellen Datenleitungen erfolgt über softwaretechnische Kommunikationsbausteine, auch Protokolltreiber genannt [Glas 93].

Die technische Weiterentwicklung der Informationstechnik sowie die Standardisierungs- und Modularisierungsbemühungen haben die Voraussetzung für einen steigenden Einsatz von EDV-Systemen und -Komponenten in der Produktion geschaffen [Beck 91]. Durch die Standardisierung und Modularisierung der EDV-Komponenten können unternehmensspezifische Lösungen auf Basis des Marktangebots erstellt werden, wobei sich auch Komponenten unterschiedlicher Hersteller miteinander kombinieren lassen.

Diese Entwicklungen auf dem EDV-Bereich bewirken, daß eine herstellerübergreifende Planung des Informationssystems erst möglich wurde und wegen der Vielfalt und Vielzahl der EDV-Komponenten auch nötig ist.

## 2.4 Zusammenfassung

Ein Produktionssystem kann prinzipiell in das Bearbeitungs-, Materialfluß- und Informationssystem eingeteilt werden. Zeitgemäße Organisationsformen eines Produktionssystems sind flexible, automatisierte Fertigungskonzepte, mit denen den heutigen Marktanforderungen entsprochen werden kann.

Innerhalb dieser Fertigungskonzepte kommen dem Informationssystem dispositive und operative, informationsverarbeitende Aufgaben zu. Zur Durchführung dieser Aufgaben werden im Bereich der Informationstechnik sogenannte rechnerunterstützte CAM-Systeme entwickelt. Sie umfassen ein funktionales Konzept, in dem sowohl die Durchführung ihrer Aufgaben als auch die notwendigen Datenflüsse und Datenstrukturen festgelegt sind. Ferner beinhalten sie eine Beschreibung über die zum Betrieb des CAM-Systems benötigten EDV-Komponenten. Die für die Aufgabenstellung untersuchten EDV-Komponenten lassen sich in Hardware, Software und Netzwerke gliedern.

Die Gestaltung des Informationssystems, d.h. die Auswahl und Dimensionierung der CAM-Systeme und die dazu benötigten EDV-Komponenten, kann nicht unabhängig von den Gegebenheiten des Bearbeitungs- und Materialflußsystems erfolgen. Vielmehr sind die technischen und organisatorischen Randbedingungen eines Produktionssystems zu berücksichtigen, um aufeinander abgestimmte Teilsysteme zu erhalten.

Die starken Abhängigkeiten zwischen dem Informationssystem und dem Bearbeitungs- und Materialflußsystem sowie die Vielfalt und Vielzahl informationstechnischer Systeme und Komponenten machen eine methodische Planung des Informationssystems notwendig. Vorteilhaft wirken sich dabei die allmählich greifenden Standardisierungen und Modularisierung der EDV-Komponenten aus. Sie ermöglichen die herstellerübergreifende Auswahl von EDV-Komponenten zu einer unternehmensspezifischen Lösung.

# 3 Planung von Produktionssystemen und ihrer Rechnerunterstützung

## 3.1 Überblick

Die Zielsetzung dieses Kapitel ist es, den Stand der Erkenntnisse bei der Planung von Produktionssystemen und der dazu notwendigen Rechnerunterstützung darzulegen. Diese Ergebnisse sollen die Grundlage für die Festlegung der Anforderungen an ein Konzept zur Planung von Informationssystemen bilden, die im nachfolgenden Kapitel beschrieben werden.

Dazu werden basierend auf einem allgemeinen Überblick über die Planung von Produktionssystemen die Stellung der Planung von Informationssystemen innerhalb des gesamten Planungsablaufs herausgearbeitet. Die Beschreibung eines gängigen Planungsvorgehens für Informationssysteme gibt einen Überblick über die dabei notwendigen Phasen und darin anfallenden Aufgaben.

## 3.2 Planung von Produktionssystemen

### 3.2.1 Überblick

Im Kapitel 2 wurde gezeigt, daß das Informationssystem neben dem Bearbeitungs- und Materialflußsystem einen elementaren Bestandteil eines Produktionssystems darstellt. Welche Konsequenzen sich daraus für seine Planung ergeben und in welcher Phase bei der Planung von Produktionssystemen das zu entwickelnde Konzept einzuordnen ist, sollen nachfolgend erarbeitet werden.

### 3.2.2 Planungsphasen beim Aufbau eines Produktionssystems

Bei der Planung von Produktionssystemen muß jedes Produktionsunternehmen für seine Produktionsanforderungen ein Optimum zwischen den Zielkonflikten

- Produktivität und Flexibilität,

- Komplexität und Verfügbarkeit sowie

- Kapitaleinsatz und Nutzen

finden [MiKo 90]. In einer Vielzahl von Veröffentlichungen (vgl. [Aggt 81, Dole 73, Engh 87, Jäge 90, N.N. 87, Ochs 88, WiEn 86]) sind systematische Vorgehensweisen zur Fabrikplanung dargestellt worden. Da es sich bei Produktionssystemen um Subsysteme einer Fabrik handelt, lassen sich bestimmte Methoden, die sich vom zugrunde liegenden Prinzip durchaus stark unterscheiden können (z.B. analytische und synthetische Vorgehensweise), aus dem Bereich der Fabrikplanung auf die Planung von Produktionssystemen übertragen [Jäge 90].

Die *Fabrikplanung* hat nach [Aggt 81] als Teil der Unternehmensplanung im wesentlichen die optimale Gestaltung und rationelle Verwirklichung von Investitionsvorhaben zum Gegenstand. Die Aufgaben der Fabrikplanung bestanden bisher vor allem in der Auswahl der Produktionsmittel sowie in der Gestaltung der Fabrikabläufe und Fertigungsstätten (inkl. Anordnung der Betriebsmittel). Zusehends rückt der produkt- und auftragsgerechte Produktionsablauf in den Vordergrund [Wien 91]. Die Fabrikplanung ermittelt die technisch-wirtschaftlich optimalen Voraussetzungen für die Fertigung eines vorgegebenen Produktionsprogramms unter Berücksichtigung der geforderten Flexibilität [Aggt 81]. Die Planungen von Produktionssystemen sind nicht mehr wie bisher im allgemeinen sehr langfristige und einmalige Projekte. Ganz im Gegenteil dazu werden sich die Planungszyklen zukünftig im Hinblick auf die Sicherung der Wettbewerbsfähigkeit innerhalb sich schnell wandelnder Rahmenbedingungen bis hin zu einer sogenannten "permanenten Fabrikplanung" verkürzen [GeRi 90].

Den bei der Fabrikplanung eingesetzten systematischen Vorgehensweisen und Verfahren ist gemeinsam, daß sie den Planungsvorgang in mehrere Phasen einteilen, womit der Planungsvorgang überschaubar bleibt. Die Planungsgenauigkeit nimmt im Verlauf der Planung zu, wobei zur Vermeidung unnötiger Arbeiten darauf zu achten ist, daß keine Über- oder Unterplanung erfolgt [Dill 91]. Da die Planungsphasen der in der Literatur dargestellten Vorgehen durch fließende Übergänge gekennzeichnet sind, variiert die Anzahl der Planungsphasen. Ein häufig anzutreffendes systematisches Vorgehen bei der Fabrik- und Anlagenplanung besteht nach [WiEn 86] aus den Planungsphasen:

- Analyse und Bedarfsplanung

- Prinzipplanung

- Ideal- und Grobplanung

- Feinplanung

- Ausführungsplanung

In der *Analyse und Bedarfsplanung* werden eine globale Zielvorstellung über das mögliche Produktionsprogramm und grobe Schätzwerte über den dazu benötigten Bedarf an Personal, Kapital, Flächen und Betriebsmittel erarbeitet. Nachdem Investitionsentscheidungen aufgrund dieser Daten getroffen worden sind, werden in der *Prinzipplanung* die Fertigungs-, Montage- und Lagerprinzipien festgelegt. In der *Ideal- und Grobplanung*, die weitgehend der Strukturplanung nach [Ever 81] entspricht, werden Automatisierungsgrad, Flexibilität, Bearbeitungspotential, Kapazität sowie die technischen und organisatorischen Wechselwirkungen zwischen den einzelnen Komponenten festgelegt [Wien 86]. In dieser Phase werden auf unterschiedlichen Abstraktionsebenen unter Berücksichtigung idealer und realer Randbedingungen verschiedene Betriebsmittel ausgewählt und unterschiedliche Varianten der Betriebsmittelanordnungen entwickelt sowie bewertet [Jäge 90, KeEA 84, WiEn 86]. Die anschließende *Feinplanung* hat die Detaillierung der Teilsysteme zum Ziel und umfaßt u.a. die Layoutgestaltung mit der konkretisierten Abbildung der Betriebsmittel und Gebäude. In der *Ausführungsplanung* werden alle Ablaufschritte festgelegt, die bei der Beschaffung, Konstruktion, Aufstellung und Inbetriebnahme zu beachten sind.

Die vorliegende Arbeit soll einen Beitrag zur optimalen Gestaltung eines Produktionssystems leisten, das aus produktionstechnischen und informationstechnischen Komponenten besteht. Wie gesehen, erfolgt die Auswahl der Betriebsmittel und die Gestaltung des Systems in der Grob- und Feinplanungsphase. Da die Phasen Grob- und Feinplanung in erster Linie durch die Beschreibung ihres Detaillierungsgrads voneinander abweichen, wird im weiteren Verlauf der Arbeit nicht mehr begrifflich zwischen den beiden Phasen unterschieden. Stellvertretend wird dafür nach *Hausknecht* [Haus 89] der Begriff Konfigurationsplanung verwendet. Da die Konfigurationsplanung nicht nur über die relevanten Planungsinhalte verfügt, sondern nach [Haus 89] bei der Planung von Produktionssystemen auch einen großen zeitlichen Anteil ausmacht, der ein großes Potential zur Reduzierung der Entwicklungszeit darstellt, sollen die Betrachtungen im Rahmen dieser Arbeit auf diese Planungsphase konzentriert werden.

### 3.2.3    Konfigurationsplanungsphase

Die relevanten Inhalte und ein typisches Vorgehen der Konfigurationsplanung sind in Bild 13 dargestellt. Anhand dieses Bilds läßt sich erkennen, daß die Planung eines komplexen Produktionssystems, hier am Beispiel eines Flexiblen Fertigungssystems dargestellt, nicht nur innerhalb eines Durchlaufs vom Groben zum Feinen erfolgen kann, sondern daß das Planungsergebnis in einem iterativen Vorgang mit Blick auf das Planungsoptimum erreicht wird.

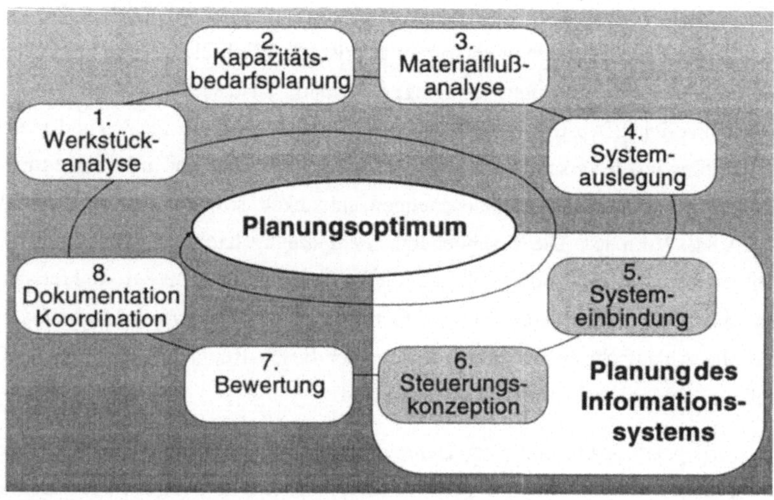


*Bild 13:   Phasen bei der Planung eines FFS nach [ScEA 90]*

Nach [ScEA 90] werden zuerst mit der Werkstückanalyse, der Kapazitätsbedarfsplanung und der Materialflußanalyse die Eckwerte für das zu realisierende Produktionssystem festgelegt. Auf dieser Basis erfolgt im nächsten Schritt die Systemauslegung des Bearbeitungs- und Materialflußsystems. Nach dieser "Hardware"-Planung wird mit der Planung der Systemeinbindung und des Steuerungskonzeptes das Informationssystem definiert [Glas 93]. In den beiden darauf folgenden Phasen werden die bis dahin erbrachten Ergebnisse bewertet und dokumentiert. Anhand dieses Planungsvorgehens läßt sich erkennen, daß zuerst die Komponenten für das Bearbeitungs- und Materialflußsystem ausgewählt werden müssen, bevor die Konzeption des Informationssystems begonnen werden kann.

## 3.3    Aufgaben bei der Planung von Informationssystemen

Die Planung von Informationssystemen wird in zahlreichen Veröffentlichungen als eigenständige Aufgabe beschrieben, die unabhängig von der Planung von Produktionssystemen zu sehen ist (vgl. [Beck 91, Ever 81, Müll 91, Sche 90, Schu 90]). Diese Ansätze setzen eine bestehende Produktionsanlage voraus, die mit den Mitteln der Informationstechnik so umzugestalten ist, daß sie nach der Planung der Informationssysteme den Anforderungen der rechnerintegrierten Produktion genügt. Daher müssen die Planungsansätze neben den informationstechnischen Aspekten auch die Gestaltungspotentiale "Organisation" und "Personal" der Produktionsanlage miteinschließen [Müll 91, Schu 90].

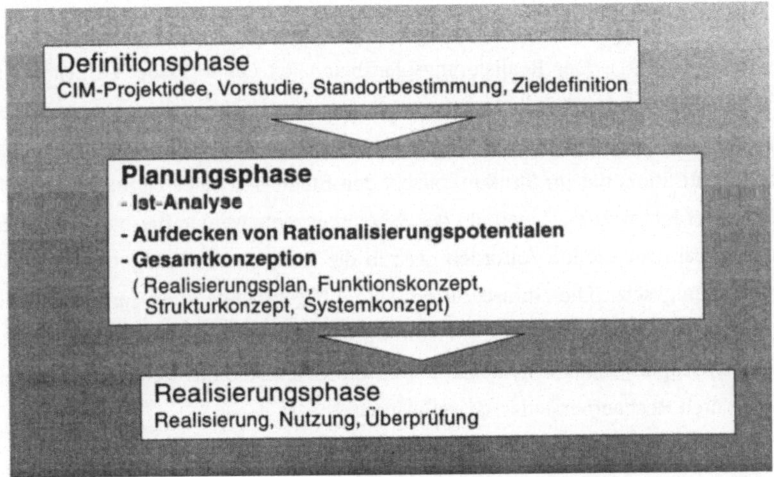


*Bild 14:  Aufgaben bei der Planung eines EDV-Systems nach [Müll 91]*

Eine gängige Vorgehensweise zur Planung von EDV-Systemen ist in Bild 14 dargestellt. Dabei gliedert [Müll 91] die Zeit von der Idee, ein EDV-System aufzubauen, bis zu dessen Betrieb in die Phasen

- Definition,

- Planung und

- Realisierung.

In der Definitionsphase werden die Unternehmenssituation und unternehmensindividuelle Ziele bestimmt sowie Wirtschaftlichkeitsüberlegungen angestellt.

In der Planungsphase werden während der Ist-Analyse die bestehenden EDV-unterstützten Abläufe und die konventionelle Durchführung der Bearbeitungsfolgen untersucht. Aus diesen Ergebnissen werden Verbesserungspotentiale durch einen EDV-Einsatz ermittelt. Für die Erschließung dieser Potentiale wird ein Gesamtkonzept erstellt, das aus

- Realisierungsplan,

- Funktionskonzept,

- Strukturkonzept und

- Systemkonzept

besteht [Müll 91]. Der Realisierungsplan beinhaltet das logische Vorgehen zur Erstellung der unterschiedlichen Konzepte. Bei dem Funktionskonzept handelt es sich um die Verknüpfung von Funktionen und Informationsflüssen zu einer Ablauforganisation, die im Strukturkonzept den Elementen einer Aufbauorganisation zugeordnet werden. Innerhalb des Systemkonzepts werden diese funktionalen und aufbaustrukturellen Anforderungen in die Planung von konkreten EDV-Systemen umgesetzt. Die Anforderungen an die Eigenschaften der Hard- und Software der einzusetzenden EDV-Systeme werden in Form eines Pflichtenheftes definiert [Grup 87]. Das Pflichtenheft stellt die Grundlage für die Angebotserstellung durch Rechnerhersteller, Systemhäuser etc. dar.

Nach der Auswahl eines Angebots erfolgt die Realisierungsphase, in der das EDV-System eingeführt, genutzt und überprüft wird.

Aufschlußreiche Ergebnisse liefert eine von [Frey 92] durchgeführte Industriebefragung, bei der sowohl Planungsabteilungen von EDV-Anwenderfirmen als auch Softwarehäuser interviewt worden sind. Ein Ziel dieser Umfrage war es zu analysieren, wieweit die befragten Unternehmen bei ihren Planungsvorhaben systematische Vorgehensweisen anwenden. Bei den Ergebnissen der Befragung läßt sich erkennen, daß

- formalisierte, planungsübergreifende Vorgehensmodelle nicht benützt werden,

- strukturierte (d.h. methodische) Modelle nur punktuell in einzelnen Phasen eingesetzt werden, wie z.B. SA, ERM, Petri-Netze (siehe Kapitel 5) sowie

- Entwicklungswerkzeuge selten und nur in der Analysephase benützt werden.

Ferner wurde die Datenaufnahme beleuchtet. Die befragten Unternehmen nützen als Datengrundlage das Pflichtenheft, dem sie Anlagedaten und Spezifikation der Prozeßabläufe entnehmen. Das Anlagenlayout steht ihnen in Form von Skizzen zur Verfügung. Als Problem bei der Datenaufnahme gaben die Unternehmen die oftmals unvollständigen und nicht aktuellen Daten an.

## 3.4  Zusammenfassung

Bei der Darstellung der Planungsphasen von Produktionssystemen wurde die Konfigurationsphase, innerhalb der die Auswahl von Betriebsmitteln auf unterschiedlichen Detaillierungsebenen vollzogen wird, als die wesentliche Phase für die vorliegende Aufgabenstellung ermittelt. In dieser Phase ist für ein optimales Planungsergebnis in bezug auf Qualität und Planungszeit entscheidend, daß die Planung von Informationssystemen nicht losgelöst von der Planung des Bearbeitungs- und des Materialflußsystems geschehen darf, sondern als integriertes Element in der Planung von Produktionssystemen durchzuführen ist.

Zahlreiche in der Literatur beschriebene Vorgehensweisen bei der Planung von Informationssystemen erfolgen allerdings losgelöst von der Planung von Produktionssystemen. Sie beziehen sich auf bereits existente Produktionsanlagen und umfassen in der Planungsphase die Analyse bestehender Abläufe sowie die Festlegung eines Gesamtkonzepts. Dieses Gesamtkonzept beinhaltet die Sollzustände der Ablauf- und Aufbauorganisation eines Informationssystems sowie die Anforderungen an die Eigenschaften der konkret einzusetzenden EDV-Komponenten (Hard- und Software). Üblicherweise werden diese Anforderungen in einem Pflichtenheft festgeschrieben, das an die Anbieter von EDV-Systemen und -Komponenten weitergegeben wird.

Die von [Frey 92] durchgeführte Industriebefragung ergab aufschlußreiche Ergebnisse bei der Planung von Informationssystemen. Dabei zeigte sich, daß während der Planung individuell verschiedene Vorgehensweisen angewendet werden, die nicht formalisiert und planungsübergreifend ausgelegt sind und die nur punktuell methodisch unterstützt werden. Ferner ergab diese Untersuchung, daß oftmals unvollständige und nicht aktuelle Ausgangsdaten zu beklagen sind.

# 4   Anforderungen an ein Konzept zur Planung von Informationssystemen

## 4.1   Übersicht

In den vorausgegangenen Kapiteln wurden einerseits die Abhängigkeiten zwischen Fertigungsorganisationsformen und den Aufgaben ihres Informationssystems sowie die prinzipiellen Bestandteile eines Informationssystems aufgezeigt. Andererseits wurden die Stellung der Planung von rechnerunterstützten Informationssystemen innerhalb der Planung von Produktionssystemen und die wesentlichen Aufgaben dieser Planungsphase ermittelt. Durch die Definition der Anforderungen an ein Konzept zur Planung von Informationssystemen sollen sowohl die Bewertungsgrundlagen für die bestehenden Planungsansätze geschaffen als auch die Zielwerte für eine Neuentwicklung vorgegeben werden.

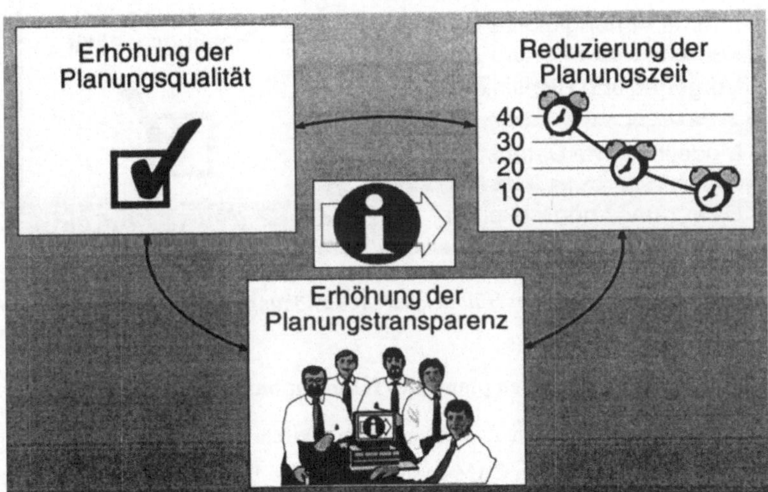


*Bild 15:   Anforderungsschwerpunkte an ein Konzept zur Planung von Informationssystemen*

Die zu stellenden Anforderungen lassen sich in die drei, in Bild 15 dargestellten Schwerpunkte gliedern (vgl. [Frey 92, Schu 92]). Nachfolgend werden die für die

Planung von Informationssystemen bedeutenden Aspekte beschrieben, wobei sich die einzelnen Teilanforderungen nicht immer nur einem Bereich zuordnen lassen, sondern sich auch auf mehrere beziehen können.

## 4.2    Erhöhung der Planungsqualität

Voraussetzungen für alle Maßnahmen zur Erhöhung der Qualität bei der Planung von Informationssystemen sind die Kenntnis aller Einflüsse auf die Gestaltung des Informationssystems und das Wissen über die intern vorherrschenden, strukturellen Abhängigkeiten (siehe Bild 16). Darauf aufbauend sind von einem geeigneten Konzept ein systematisches Vorgehen, angepaßte Datenmodelle und Bewertungsmöglichkeiten zu fordern.

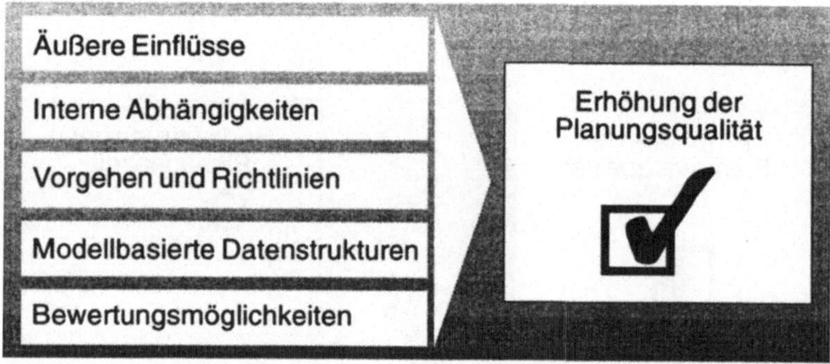


*Bild 16: Anforderungen im Hinblick auf die Erhöhung der Planungsqualität*

**Äußere Einflüsse auf ein zu planendes Informationssystem**

Die in Kapitel 2 gezeigten Zusammenhänge zwischen Fertigungsorganisationsform, den dafür geeigneten CAM-Systemen und den EDV-Komponenten müssen in angemessener Form konzeptionell berücksichtigt werden. Dazu müssen einerseits die von einem Fertigungssystem benötigten informationsverarbeitenden Funktionen unter Beachtung der geeigneten Rechnerunterstützung zur Verfügung gestellt werden. Andererseits ist es erforderlich, die bestehenden oder geplanten organisatorischen und technischen Gegebenheiten einer Produktionsanlage bei der Auswahl und Konkretisierung der informationstechnischen Komponenten des Informationssystems mit zu berücksichtigen.

Da es sich nur bei ca. 20% aller Planungen um Neuplanungen handelt [LaAc 90], ist die konzeptionelle Unterstützung sowohl für die Neu- als auch für die Umplanung zu fordern. Im Gegensatz zu Neuplanungen, bei denen prinzipiell keine Einschränkungen existieren und für alle benötigten Funktionen des Informationssystems die optimalen EDV-Komponenten ausgewählt werden können, müssen bei Umplanungen die Randbedingungen beachtet werden, die aus den organisatorischen Strukturen bestehender Informationssysteme und/oder den technischen Gegebenheiten, wie z.B. weiter zu nutzenden EDV-Geräten, resultieren können.

**Abhängigkeiten innerhalb eines Informationssystems**

Neben den Randbedingungen, die sich durch das Produktionssystem ergeben, sind für die Gestaltung eines Informationssystems die Abhängigkeiten zwischen seinen Bestandteilen zu berücksichtigen. Dadurch soll ein konsistenter Übergang zwischen den einzelnen Bereichen sichergestellt werden. Es handelt sich dabei um die Abhängigkeiten zwischen informationsverarbeitender Funktion und Software sowie zwischen Software und Hardware.

**Vorgehen und Richtlinien**

Wie in Kapitel 3 gezeigt, umfaßt die Planung von Informationssystemen mehrere unterschiedliche Aufgaben. Um zielorientierte, reproduzierbare und transparente Planungen durchführen zu können, ist ein methodisches, in Phasen unterteiltes Vorgehen zu fordern. Das methodische Vorgehen ist sowohl für die Bewältigung der einzelnen Aufgaben als auch für einen effektiven Übergang zwischen den Planungsphasen in Form eines übergeordneten Vorgehensmodells anzuwenden.

Das Vorgehensmodell muß Planungsrichtlinien beinhalten, um Informationssysteme mit beherrschbarer Komplexität entwickeln zu können. Da nach [Patz 82] sich die Komplexität durch die Vielfalt und die Vielzahl der Systemelemente und ihrer Verbindungen charakterisieren läßt, muß zur Beherrschung der Komplexität eines Informationssystems das zu entwickelnde rechnerunterstützte Konzept in allen Phasen die Planungsrichtlinien 'Homogenität der Komponenten' und 'Minimierung der Teileanzahl' berücksichtigen. Dazu kommt als dritte Planungsrichtlinie der 'Aufbau eines durchgängig rechnerunterstützten Informationsflusses', um ein effektives Informationssystem in einem Produktionssystem zu gewährleisten.

**Modellbasierte Datenstrukturen**

Zur Durchführung der Planungsaufgaben werden neben dem Vorgehensmodell und den Planungsmethoden noch Planungsdaten benötigt. Diese Daten sind in geeigneten Modellformen darzustellen. Dabei ist zu beachten, daß die Daten mittels problemorientierter Darstellungstechniken und Symbolen veranschaulicht werden. Ferner müssen die Modelle über ausreichende Hierarchisierungsmöglichkeiten zur Beherrschung komplexer Systembeschreibungen verfügen. Die Datenmodelle müssen aufeinander abgestimmt sein, damit sie ineinander überführbar sind.

**Bewertungsmöglichkeiten**

Um die Güte einer Planung abschätzen zu können, wird von [KeEA 84] die Generierung mehrerer Planungsalternativen empfohlen. Dazu ist von einem geeigneten Konzept zu fordern, daß man mit ihm für unterschiedliche Anfangsszenarien und variablen Planungskriterien mehrere Planungsalternativen vorschlagen und diese hinsichtlich relevanter Kennzahlen bewerten kann. Die Planungsgüte kann z.B. durch Kosten, Vollständigkeit und Plausibilität charakterisiert werden.

## 4.3 Reduzierung der Planungszeit

Neben dem Erreichen eines optimalen Planungsergebnisses ist die Reduzierung der Entwicklungszeit von Informationssystemen ebenfalls ein angestrebtes Ziel bei der Planung von Informationssystemen. Nach [BuEA 73, Koep 91] lassen sich Zeitspar-Potentiale u.a. durch das Parallelschalten von Tätigkeiten und die zeitliche Verkürzung einzelner Tätigkeiten erzielen. Das Parallelisieren kann durch die Integration der Planung von Informationssystemen in den gesamten Planungsprozeß eines Produktionssystems erreicht werden (siehe Bild 17). Die Verkürzung der Planungstätigkeit läßt sich durch den Einsatz von Rechnerhilfsmitteln und einfach anpaßbarer Beschreibungen informationstechnischer Komponenten erzielen.

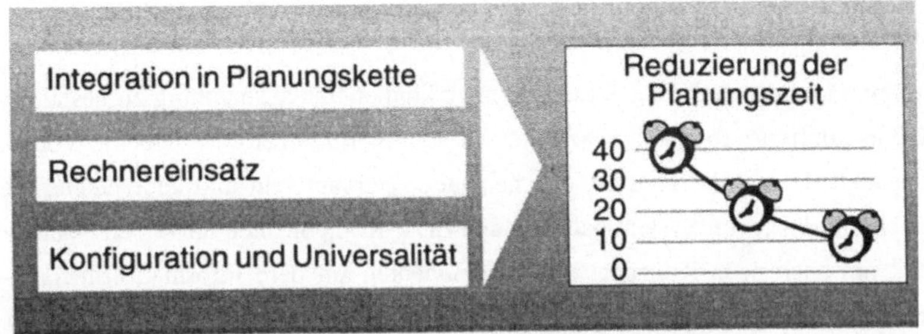


*Bild 17: Anforderungen im Hinblick auf die Reduzierung der Planungszeit*

## Integration in die Planungskette

Die Planung von Informationssystemen muß als integraler Bestandteil der gesamten Planungskette eines Produktionssystems behandelt werden. Dazu ist eine funktionale und datentechnische Integration der Planung von Informationssystemen notwendig. Diese Integration kann dazu beitragen, im Hinblick auf kurze Entwicklungszeiten die Planungsaktivitäten so weit wie möglich zu parallelisieren. So kann die Planung von Informationssystemen sofort beginnen, sobald alle erforderlichen Eingangsdaten aus der Anlagenplanung vorliegen. Darüber hinaus soll es nicht nur möglich sein, Daten aus vorgelagerten Bereichen zu übernehmen, sondern auch die bei der Planung von Informationssystemen generierten Daten in anderen Planungsphasen und in anderen Bereichen (z.B. Einkauf) verwenden zu können. Damit läßt sich einerseits die Aktualität der Daten erreichen. Andererseits können die wiederholte Grunddatengenerierung vermieden und die Fehlermöglichkeiten bei der Umsetzung vom modellierten auf das reale Rechnersystem minimiert werden.

## Rechnereinsatz

Rechnerunterstützte Planungswerkzeuge können helfen, mittels datentechnischer Integration die relevanten Eingangsinformationen aus vorgelagerten Planungsphasen zur Reduzierung von wiederholter Grunddatengenerierung aufzubereiten, Planungsalternativen schnell und sicher zu erstellen sowie die Planungsergebnisse nach verschiedenen Kriterien zu bewerten und darzustellen.

**Konfiguration und Universalität**

Um ein Planungswerkzeug aktualisieren zu können und ausbaufähig zu gestalten, muß es konfigurierbar sein. Dazu müssen vom Konzept her einerseits die Vorgehensmethode und die Nutzdaten voneinander getrennt sein und andererseits die Beschreibungen von Systemlösungen und EDV-Komponenten universell gestaltet sein, um auch neue Konzepte und Komponenten auf dem Informationstechnik-Sektor beschreiben und somit in das Planungswerkzeug einbringen zu können. Um das Planungshilfsmittel auf mehreren EDV-Systemen einsetzen zu können, ist bei der Entwicklung des Rechnerwerkzeugs auf größtmögliche Unabhängigkeit vom Entwicklungssystem zu achten. Darüber hinaus soll es modular aufgebaut sein und über leistungsfähige Schnittstellen verfügen. Dadurch läßt es sich einerseits einfach an neue Aufgaben anpassen. Andererseits sind diese beiden Faktoren die Voraussetzungen für einen Daten- und Funktionsverbund mit anderen Rechnerwerkzeugen.

## 4.4 Erhöhung der anwenderorientierten Planungstransparenz

Um optimale Planungsergebnisse und eine hohe Akzeptanz zu erhalten, ist es wichtig, alle relevanten Daten dem Planer transparent darzustellen und ihm über eine einfache Bedienbarkeit des Planungswerkzeugs anwendergerechte Möglichkeiten zur Eingabe von Grundlagenwissen (Beschreibung von CAM-Systemen und EDV-Komponenten) sowie zur Manipulation und Korrektur des Planungsablaufs und der Planungsergebnisse zu bieten.

Die Transparenz der Daten muß für alle Planungsphasen gewährleistet werden. Daher müssen die Anfangsdaten, der Ablauf und die Planungsergebnisse in geeigneter Weise dem Planer veranschaulicht werden. Vor allem muß bei der Darstellung des Planungsergebnisses erkennbar sein, wie die Aufgaben des Informationssystems mit den Mitteln der Informationstechnik umgesetzt werden und wie die informationstechnische Anbindung der vorgesehenen Produktionsmittel geplant ist. Darüber hinaus muß es im Hinblick auf eine übersichtliche Präsentation der Planungsdaten möglich sein, sie unterschiedlich detailliert darzustellen.

Die Bedienung des Planungswerkzeugs muß sich am Vorgehen eines Planers orientieren. Dazu müssen Funktionen vorgesehen werden, die typisch für die Aufgaben bei der Planung von Informationssystemen sind. Die Verwendung anwendungsgerechter, grafischer Elemente trägt zur Erleichterung der Bedienung und zur Erhöhung des Verständnisses bei. Im Hinblick auf optimale Planungsergebnisse soll der Planer Gelegenheit haben, über Möglichkeiten zur Manipulation des Planungsablaufs und des Planungsergebnisses sein Wissen einzubringen.

## 4.5   Zusammenfassung

Die Voraussetzung für die Spezifikation der Anforderungen an ein Konzept zur Planung von Informationssystemen bilden die Erkenntnisse aus den vorausgegangenen Kapiteln. Dabei handelte es sich um die Aspekte:

- Stellung des Informationssystems in einem Produktionssystem

- Strukturen und Elemente eines Informationssystems

- Planung von Produktionssystemen und Informationssystemen

Im Hinblick auf ein auf eine Produktionsanlage abgestimmtes Informationssystem lassen sich die genannten Anforderungen in die drei Schwerpunktsbereiche:

- Erhöhung der Planungsqualität

- Reduzierung der Planungszeit

- Erhöhung der anwenderorientierten Planungstransparenz

einteilen. Zur Umsetzung dieser Anforderungen wurden Teilziele formuliert. Im Hinblick auf die Planungsqualität handelt es sich um die Berücksichtigung äußerer Einflüsse auf ein Informationssystem und seiner internen Abhängigkeiten, die Bereitstellung konsistenter Vorgehens- und Datenmodelle über die gesamte Planungsphase hinweg sowie die Möglichkeit, Planungsalternativen zu erstellen und zu bewerten.

Um die Planungszeit von Informationssystemen zu reduzieren, ist ein Konzept zur Planung von Informationssystemen so auszulegen, daß es in den gesamten

Planungsprozeß eines Produktionssystems integriert werden kann. Ferner können rechnerunterstützte Planungshilfsmittel den Planer schnell und sicher bei der Analyse von Eingangsdaten sowie bei der Generierung und Bewertung von Planungsvorschlägen unterstützen. Über universelle Beschreibungsmöglichkeiten können schnell und einfach Neuentwicklungen auf dem Informationstechnik-Sektor in das Planungswissen aufgenommen werden.

Ferner sind das Konzept und das Rechnerwerkzeug zur Planung von Informationssystemen so auszulegen, daß der Planer stets den Planungsablauf nachvollziehen und beeinflussen sowie sein Wissen einbringen kann.

# 5   Ist-Analyse bei der Planung von Informationssystemen

## 5.1   Überblick

Die Zielsetzung dieses Kapitel ist es, bestehende Ansätze zur Planung von Informationssystemen auf ihre Eignung und ihre Vorbildfunktion für die vorliegende Aufgabenstellung zu untersuchen sowie ihre Defizite aufzuzeigen. Die Beschreibung der bestehenden Ansätze orientiert sich an den in Kapitel 3 gezeigten prinzipiellen Aufgaben bei der Planung von Informationssystemen. Die Bewertung der Ansätze basieren auf den in Kapitel 4 formulierten Anforderungen.

Diese anwendungsspezifischen Ansätze stützen sich vielfach auf grundlegende, anwendungsneutrale Methoden und Modelle, die allgemein für die Planung und Entwicklung technischer Systeme erarbeitet worden sind. Die für die vorliegende Aufgabenstellung relevanten anwendungsneutralen Methoden werden kurz beschrieben und ihre Anwendbarkeit dargestellt.

## 5.2   Stand der anwendungsspezifischen Planungsansätze

### 5.2.1   Überblick

Für die vorliegende Aufgabenstellung wurde in Kapitel 3 die Konfigurationsphase, bestehend aus Grob- und Feinplanungsphase, als die wesentliche Phase bei der Planung von Produktionssystemen ermittelt. Im Rahmen aller Maßnahmen zur Gestaltung und zum Aufbau von Informationssystemen entspricht diesem Abschnitt die *Planungsphase*, die innerhalb der gesamten Vorgehensweise bei der Planung von Informationssystemen zwischen *Definitions-* und *Realisierungsphase* einzuordnen ist (siehe Bild 18). Nach [Müll 91] umfaßt diese Planungsphase die Aufgaben Ist-Analyse, Aufdecken von Rationalisierungspotentialen sowie die Erarbeitung einer Gesamtkonzeption, die aus dem Realisierungsplan, Funktions-, Struktur- und Systemkonzept besteht.

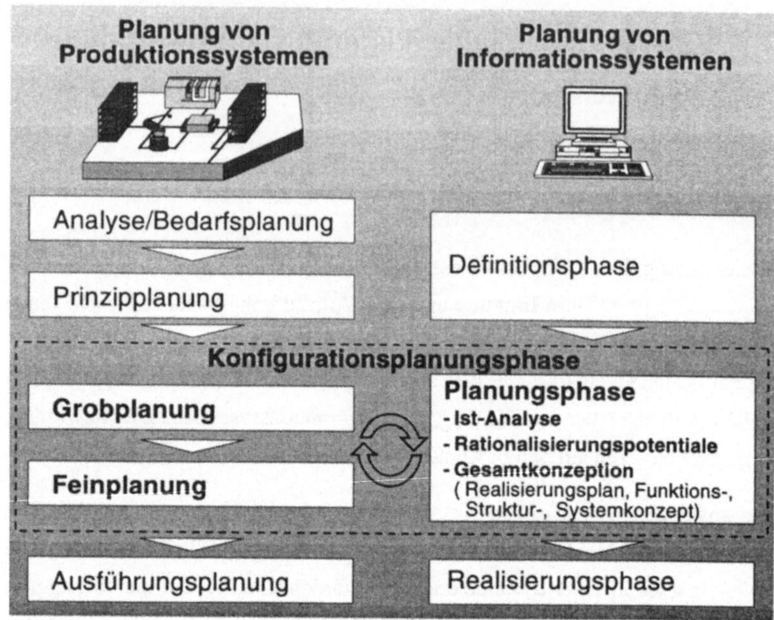


*Bild 18: Zuordnung und Auswahl der relevanten Planungsphasen*

Aufgrund einer Vielzahl bestehender anwendungsspezifischen Planungsansätze können die nachfolgenden Verfahren auf dem Gebiet 'Planung von Informationssystemen' nur eine Auswahl darstellen. Nur auf die Verfahren, die relevante Lösungsansätze in bezug auf die in Bild 18 dargestellten Aufgaben beinhalten, wird im folgenden näher eingegangen. Beschreibungen zu weiteren Ansätzen finden sich z.B. in [Frey 92, Scho 90].

## 5.2.2 Ganzheitliche Planungsverfahren

Bei den Ansätzen zur Planung und Einführung von CIM-Systemen gibt es sehr umfassend angelegte Konzepte, die für ein großes Unternehmensbranchen-Spektrum nach Möglichkeit alle Phasen der CIM-Einführung vom ersten Entwurf bis zur Verwirklichung unterstützen. So wird in dem zukunftsweisenden ESPRIT-Projekt CIM-OSA (*Computer Integrated Manufacturing-Open Systems Architecture*) ein CIM-Gesamtunternehmensmodell erarbeitet, das in seiner allgemeinsten Form zur Modellierung unterschiedlichster Unternehmen geeignet sein soll und das durch die Beachtung unternehmensspezifischer Randbedingungen auf ein spezielles Unternehmen hin konkretisiert werden kann [Pans 90]. Das nach den Regeln von CIM-OSA erstellte Unternehmensmodell soll nicht nur zur Analyse der Geschäftsvorgänge mit anschließender Verbesserung der Ablauf- und/oder Aufbauorganisation verwendet werden, sondern auch zur Steuerung und Kontrolle der täglichen Geschäftsvorgänge. Die Voraussetzung dafür stellt die Integrierende Infrastruktur für Rechnersysteme dar, die ebenfalls in CIM-OSA konzipiert wird. Sie besteht aus CIM-OSA-Norm konformen informationstechnischen Bausteinen. Eine Ausnahme wird allerdings bei "nicht CIM-OSA verträglichen" Anwendungsprogrammen gemacht, die über den Anwendungsdienstbaustein in die Infrastruktur integriert werden sollen [Pans 90].

Darüber hinaus gibt es weitere umfassende Vorgehensweisen, die aber nicht in der Breite des CIM-OSA-Projekts angelegt sind. So weist das von Scheer konzipierte "Y-CIM-Information Management" mehrere Phasen auf, in denen verschiedene, zum Teil rechnerunterstützte Hilfsmittel eingesetzt werden [Sche 90]. Innerhalb dieser Methode werden nach einer Analyse der Ist-Abläufe eines Unternehmens die Soll-Abläufe ermittelt, die in Vorgangskettendiagrammen dargestellt werden. Diese Soll-Abläufe bilden die Grundlage für die Definition notwendiger informationsverarbeitender Funktionen, Funktionsebenen und eines unternehmensweiten Datenmodells. Aus den bis dahin ermittelten Ergebnissen läßt sich das EDV-technische Konzept gestalten, das Hardwarearchitektur und Netzwerkkonzept sowie die Betriebs- und Datenbanksysteme beinhaltet. Dafür stehen Anleitungen zur Verfügung, wie die vorher bestimmten Funktionen prinzipiell auf EDV-technische Komponenten umgesetzt werden können. Die Entwicklung einer Einführungsstrategie schließt das Vorgehensmodell ab.

Eine Methodik zur Planung von CAM-Systemen wird in [Beck 90] erarbeitet. Über ein Vorgehensmodell, das die Phasen Analyse, Entwurf und Bewertung eines CAM-Systems beinhaltet, können Anforderungen an die Software formuliert und aus einem vorhandenen Marktangebot komplette Softwareprodukte ausgewählt werden. Die Auswahl der dazu notwendigen Hardware wird nur ansatzweise verfolgt. Diese Methodik soll nach [Beck 90] losgelöst von der Planung der Produktionssysteme betrachtet werden und dient vor allem der Optimierung des Informationsflusses in bestehenden Produktionsanlagen.

In [Müll 91] wird eine Systematik zur Analyse und Optimierung des EDV-Einsatzes im planenden Bereich entwickelt. Diese Systematik umfaßt ein Gesamtmodell und eine darauf aufbauende Planungsmethode. Das Gesamtmodell besteht aus dem Funktions-/Informationsmodell zur ressourcenneutralen Abbildung betrieblicher Funktionen und der dazu benötigten Informationsflüsse sowie aus dem Ressourcenmodell, das die zur Informationsverarbeitung benötigten konventionellen und EDV-unterstützten Hilfsmittel beinhaltet. Mit dieser Methode können Kennzahlen und Schwachstellen eines EDV-Systems ermittelt werden, aus denen ein Maßnahmenkatalog mit notwendigen Änderungen im EDV-System erstellt werden kann.

Daneben gibt es noch Ansätze, die sich nur auf Teilaufgaben bei der Planung von Informationssystemen beschränken. Es handelt sich dabei um Konzepte zur Planung von Software, Hardware und Netzwerken. Beispiele hierfür sind die Planung von Leitsystemsoftware flexibler Fertigungsanlagen nach [Frey 92], die wissensbasierte Konfiguration von Prozeßrechnern [McDe 80, EiEA 89] und die von [Klev 90] erarbeitete Systematik zur Planung von Netzwerken in den der Fertigung vorgelagerten Bereichen. Da in der vorliegenden Arbeit ein ganzheitliches Konzept zur Planung von Informationssystemen erarbeitet werden soll, werden diese spezialisierten Ansätze nicht mehr weiter betrachtet.

### 5.2.3    Kritische Würdigung

Nachfolgend sollen die beschriebenen Planungskonzepte unter Berücksichtigung der in Kapitel 4 aufgestellten Anforderungen bewertet werden.

Bei dem anwendungsorientierten Konzept CIM-OSA handelt es sich um einen zukunftsweisenden Ansatz. Die Grundidee davon ist, rechnerunterstützte Unternehmen zu planen, in einem Modell unter Verwendung von CIM-OSA-konformen Bausteinen abzubilden und mit dem erstellten Unternehmensmodell die täglichen Geschäftsabläufe zu steuern. Dieses Konzept erfüllt weitgehend die aufgestellten Anforderungen. Daß es noch implementiert und getestet werden muß, bringt erhebliche Probleme mit sich, vorherrschende und mittelfristige Schwierigkeiten bei der Planung von Informationssystemen zu unterstützen. Grund hierfür sind die CIM-OSA-konformen Bausteine, auf denen dieses Konzept basiert. Die umfangreiche Entwicklung dieser informationstechnischen Bausteine ist erst nach einem erfolgreichen Test von CIM-OSA zu erwarten. Man kann zwar bestehende Programme über einen speziellen Baustein in die Infrastruktur einbringen. Es wirkt sich aber auf die Leistungsfähigkeit der Rechnerunterstützung aus.

Die anderen ganzheitlichen Planungsverfahren decken prinzipiell auch alle Aufgaben bei der Planung von Informationssystemen ab. Ihr Schwerpunkt liegt aber eindeutig auf den frühen Planungsphasen, in denen ablauforganisatorische Schwachstellen bestehender Informationssysteme zu identifizieren sind. Ein Defizit von ihnen ist der fehlende bzw. nicht erkennbare funktionale und datentechnische Zusammenhang zur Planung von Produktionssystemen. Die Umsetzung der Funktionen des zu planenden Informationssystems auf EDV-Komponenten geschieht nur konzeptionell und ohne Unterstützung eines Rechnerwerkzeugs. Inwieweit die Datenmodelle der einzelnen Planungsschritte ineinander überführbar sind, kann anhand der Literatur nicht nachvollzogen werden.

Abschließend läßt sich feststellen, daß die bestehenden Planungsverfahren vor allem Defizite in puncto Universalität, Integration in die gesamte Planungskette und Rechnerunterstützung aufweisen. Daher ist es erforderlich, ein neues Konzept unter Beachtung der ermittelten Schwachstellen zu entwickeln, das die in Kapitel 4 aufgestellten Anforderungen erfüllt. Bei der Konzeption eines neuen Ansatzes sollen anwendungsneutrale Methoden auf ihre Eignung überprüft und wenn möglich verwendet werden.

## 5.3   Stand der anwendungsneutralen Methoden

### 5.3.1   Überblick

Da anwendungsneutrale Methoden einerseits vielfach die Grundlage für die oben beschriebenen anwendungsspezifischen Planungsverfahren darstellen und andererseits der Industriebefragung nach in der industriellen Praxis weit verbreitet sind, soll nachfolgend ein Überblick über die für die Aufgabenstellung wichtigsten Ausrichtungen gegeben werden. Die Verfahren dieser beiden Ausrichtungen können helfen, sowohl in einer Planungsphase als auch zwischen den Planungsphasen effektiv zu arbeiten.

## 5.3.2 Strukturierte Methoden zur Wissensdarstellung

Für den EDV-Bereich sind zahlreiche Strukturierte Methoden entwickelt worden, um den Aufbau von EDV-Systemen oder die Softwareerstellung auf hohem Qualitätsniveau zu erleichtern. Ziel dieser Methoden ist zum einen die Unterstützung einzelner Phasen im Lebenslauf eines Systems, wie z.B. Analyse, Entwurf und Implementierung. Zum anderen soll die Systementwicklung, die in Form eines Vorgehensmodells dargestellt wird, phasenübergreifend beschrieben werden [Boeh 81, Raas 91].

Zur vollständigen Beschreibung einer Systementwicklung unterscheidet Raasch [Raas 91] neben der Einteilung in Phasen ferner in Betrachtungsebenen (sogenannte Entwicklungsebenen), deren Ergebnisse in allen Phasen zueinander passen müssen. In jedem Informationssystem sind dies die Ebene der *Objekte und Relationen zwischen den Objekten* sowie die Ebene der *Prozesse und Objekte* von Bedeutung. Mit der Ebene der Objekte und Relationen können Datenstrukturen modelliert werden. In der Prozeßebene lassen sich die in einem System vorkommenden Funktionen und die davon benötigten Daten beschreiben, wobei man in dieser Ebene davon ausgeht, daß die Funktion startet, sobald alle für die Durchführung einer Funktion notwendigen Daten vorliegen [DeMa 78]. In technischen Anwendungen, vor allem in der Prozeßsteuerung, ist zusätzlich die Ebene der *Zustände und Ereignisse* von großer Bedeutung, da die Steuerung des Ablaufs nicht nur von der Vollständigkeit der Eingangsdaten, sondern vor allem von Zuständen und Ereignissen des Systems abhängt. Die Ebenen werden nachfolgend mit Hilfe einer dafür typischen Methode verdeutlicht.

### Ebene: Objekte & Relationen

Eine sehr weitverbreitete Methode zur Darstellung von Objekten und der zwischen ihnen herrschenden Verbindungen stellt das von P.P. Chen entwickelte *Entity-Relationship-Model* (ERM) [Chen 76] dar. Es handelt sich dabei um ein semantisches Modell, bei dem die Daten völlig von speziellen Realisierungen losgelöst modelliert werden. Die Vorteile liegen in der grafischen Darstellungsweise (ERM- oder Chen-Diagramme) und in der durch klare Definitionen bedingten Benutzerfreundlichkeit. Grundsätzlich wird beim ERM zwischen Gegenständen (Entities), Attributen und Beziehungen (Relations) unterschieden. Bei den Entities handelt es sich um reale oder abstrakte Dinge (Objekte), die für ein Unternehmen von Interesse sind. Im Bild 19 ist ein Beispiel eines Entity-Relationship-Diagramm zu sehen. Darin wird der Zusammenhang zwischen einem Steuerungs-system und einem Flexiblen Fertigungssystem gezeigt.

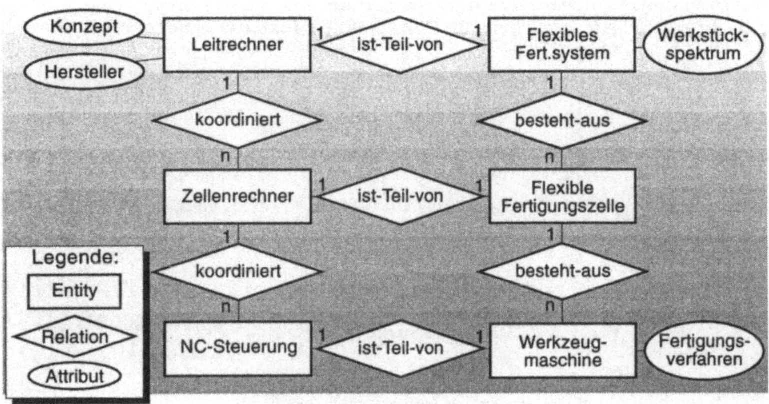


*Bild 19:  Beispiel eines Entity-Relationship-Diagramms*

Eine Menge unterscheidbarer, aber durch die gleichen Attribute beschreibbarer Entities wird als Entitytyp bezeichnet. Eine Relation (Beziehung) ist eine logi-sche Verknüpfung zwischen zwei oder mehreren Entitytypen, wobei das be-schreibende Wort eine Tätigkeit (z.B koordiniert, ist-Teil-von, besteht-aus) aus-drückt. Numerische Wechselwirkungen zwischen den Entitytypen lassen sich im ERM-Diagramm über 1:N, M:N, M:1 und 1:1-Beziehungen darstellen. Als Attri-bute werden die charakteristischen Eigenschaften oder Merkmale der Entities oder der Beziehungen bezeichnet (z.B. Hersteller eines Leitrechners).

**Ebene: Prozesse & Objekte**

In dieser Ebene sollen alle Funktionen eines Systems und die zur Ausübung einer Funktion notwendigen Informationsflüsse erfaßt werden. Für diese Aufgabenstel-lung eignet sich die Strukturierte Analyse (SA), die zur Anforderungsanalyse und -definition sowie zum Entwurf von EDV-Anwendungssystemen konzipiert wurde [DeMa 78]. Die SA umfaßt die drei unterschiedlichen Modelle und Darstellungs-techniken 'Datenflußdiagramm', 'Datenlexikon' und 'Prozeßspezifikation' (siehe

Bild 20). Auf der Grundlage der systeminternen Datenflüsse und der System-schnittstellen erfolgt eine systematische und funktionale Zerlegung des Gesamt-systems in hierarchische Subsysteme, wobei die Schnittstellen und Aufgaben mit Hilfe der Datenflußdiagramme formalisiert beschrieben werden. Innerhalb der Datenflußdiagramme werden die Systeme mit den vier Grundelementen 'Daten-fluß', 'Prozeß', 'Datenspeicher' sowie 'Endknoten' (externe Datenquellen und -sen-ken) modelliert.

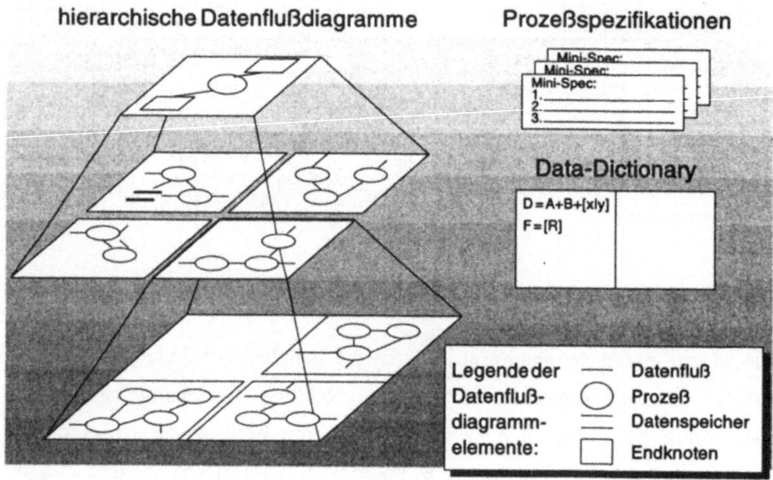


*Bild 20: Darstellungstechniken der Strukturierten Analyse (SA) nach [DeMa 78]*

**Ebene: Zustände & Ereignisse**

Zur Beschreibung von Abläufen wurde die Strukturierte Analyse durch Pirbhai und Hatley um problemangepaßte Modelelemente zur Strukturierten Analyse mit Real-Time-Zusätzen (SA/RT) erweitert [PiHa 87]. Damit lassen sich neben den Datenflüssen auch sogenannte Kontrollflüsse modellieren, mit deren Hilfe das logische Zusammenwirken der Prozesse in einem Informationssystem beschrie-ben werden kann. Dabei kommen Entscheidungstabellen, Zustandsübergangs-diagramme etc. zum Einsatz.

### 5.3.3   Planungs- / Konfigurations-Verfahren

Der Einsatzschwerpunkt der obengenannten Strukturierten Methoden liegt auf der Darstellung von benötigten Daten, Funktionen und den Zusammenhängen zwischen ihnen. Beim Übergang von einer Planungsphase zur nächsten leisten sie keine oder nur sehr geringe Unterstützung. Es liegt vielmehr im Erfahrungsbereich des Planers, wie die Ergebnisse einer Planungsstufe bei den nächsten Planungen berücksichtigt werden können. Im Hinblick auf ein methodisches Planungsvorgehen, das auch automatisierbar ist, werden nach einer Klassifizierung relevante Problemlösungsmethoden aus der Literatur vorgestellt.

### 5.3.3.1  Klassifizierung der Problemlösungsmethoden

Prinzipiell lassen sich nach [Pupp 90] drei verschiedene Typen von Problemlösungsmethoden unterscheiden, die sich auch im technischen Bereich einsetzen lassen. Es handelt sich dabei um:

- Klassifikation

- Konstruktion

- Simulation

Bei der *Klassifikation* besteht der Problembereich aus zwei endlichen, disjunkten Mengen, die zum einen die Merkmale eines zu lösenden Problems und zum anderen die zur Verfügung stehenden Problemlösungen darstellen. Bei der Planung von Informationssystemen erscheint es aufgrund der Vielzahl und Vielfalt von EDV-Systemen und -Konzepten sowie der Randbedingungen, die sich aus der Anlagenplanung ergeben, nur für Teilbereiche möglich, die Problemlösungsmethode 'Klassifikation' zu verwenden.

Die Vielzahl und Vielfalt des EDV-Bereichs stellen keine Ausschlußkriterien für die Verwendung der Problemlösungsmethode *Konstruktion* bei der Informationssystem-Planung dar. Die Konstruktion kommt für Probleme in Betracht, bei denen verfügbare Basiselemente ausgewählt, parametrisiert und zu einem Lösungselement zusammengesetzt werden, das die gewünschten Eigenschaften erfüllt. Moderne EDV-Komponenten eignen sich aufgrund ihrer modularen und offenen Strukturen für diesen Typ der Problemlösungsmethoden. Um geeignete Problem-

lösungsmethoden angeben zu können, strukturiert *Puppe* den Problemlösungstyp
Konstruktion noch weiter hinsichtlich der Problemtypen 'Planung', 'Konfigurierung' und 'Zuordnung' (siehe Tabelle 2).

| | Planung | Konfigurierung | Zuordnung |
|---|---|---|---|
| elementare Objekte | Objekte mit Attributen und Operatoren mit Vor- und Nachbedingung | Basisobjekte mit Attributen und Beziehungen untereinander | Mindestens zwei disjunkte Mengen von Objekten |
| Problem | Transformation eines gegebenen Ausgangs- in einen gewünschten Zielzustand | Auswahl, Parametrisierung und Aggregierung der Basisobjekte zum Lösungsobjekt, so daß gewünschte Anforderungen erfüllt sind | Erstellung eines Zuordnungsplans, der Zuordnungspräferenzen, knappe Ressourcen und andere Randbedingungen berücksichtigt |
| Lösung | optimale Sequenz von anwendbaren Operatoren, die den Ausgangs- in den Zielzustand transformieren | (optimales) Lösungsobjekt, das aus Basisobjekten zusammengesetzt ist und die Anforderungen erfüllt | (optimaler) Zuordnungsplan, der die Objektmengen aufeinander abbildet |
| Lösungsraum | bei durchschnittlicher Länge der Operatorsequenz von $n$ und in jedem Zwischenzustand durchschnittlich m anwendbaren Operatoren gibt es ca. $m^n$ verschiedene Pläne | bei durchschnittlich $n$ erforderlichen Objektattributen mit je ca. $m$ Ausprägungen gibt es $m^n$ verschiedene Konfigurationen | bei zwei gleich großen Mengen mit je n Objekten gibt es $n!$ verschiedene Zuordnungspläne |
| Beispiel | Planen von Experimenten, Arbeitsplanung von Werkstücken | Computer-Konfigurierung | Stundenplan-Erstellung, Maschinen-Belegung |

*Tabelle 2: Problemtypen der Konstruktion nach [Pupp 90]*

Unter Berücksichtigung der elementaren Objekte, der Problemstellung und der
gewünschten Lösung eignen sich die 'Konfigurierung' und 'Zuordnung' für die
Anwendung auf die Planung von Informationssystemen. Der Problemtyp 'Planung' kann allerdings auf die Planung von Informationssystemen nicht übertragen
werden, da hierbei kein definierter Zielzustand vorliegt, wie er sich z.B. mit
einem zu fertigenden Werkstück bei der Arbeitsplanung beschreiben läßt.

Der dritte Typ der Problemlösungsmethoden ist die *Simulation*. Hierbei wird ermittelt, wie ein vorgegebenes Systemmodell auf bestimmte Eingaben reagiert.
Angewendet auf die vorliegenden Anforderungen scheidet die 'Simulation' als
Problemlösungsmethode aus, da zum Zeitpunkt der Planung von Informationssystemen noch kein Systemmodell vorhanden ist und eigentlich erst zu planen ist.

### 5.3.3.2   Konfigurationsverfahren

Da sich bisher die Planung von Informationsflußsystemen weitgehend als Konfigurationsproblem darstellt, sollen nun dafür geeignete Lösungsansätze aus der Literatur aufgezeigt werden.

Bei dem *induktiven Konfigurationsmodell* nach [NaSt 92] besteht ein Konfigurationsproblem grundsätzlich aus:

- einer Menge von Anforderungen, die die gewünschten Eigenschaften des konfigurierenden Systems festlegen und zu erfüllen sind,

- einer Objektmenge mit allen Komponenten, die prinzipiell für die Lösung in Frage kommen,

- einer Menge von Funktionalitäten, die bestimmte Eigenschaften der Objekte definieren.

Eine Konfiguration gilt dann als gefunden, wenn alle externen (z.B. Kundenwünsche) und internen Anforderungen erfüllt sind. Dazu wird versucht, eine Anforderung mit einer Funktionalität eines Objekts zu befriedigen. Ob alle Bedingungen zur Erfüllung der Anforderung gegeben sind, wird mit einem Prädikat ermittelt. Ein Additions-Operator legt fest, wie die Werte von zwei Funktionalitäten zu einem neuen Wert verrechnet werden, falls ein neues Objekt zu der Menge der bisher ausgewählten Objekte hinzugenommen wird.

Dieses Modell zeigt grundsätzliche Möglichkeiten, aus welchen Teilen ein Konfigurationsproblem formal bestehen kann und wann prinzipiell eine Lösung als gefunden gilt. Es verfügt aber nicht über Anleitungen, wie die Lösung ermittelt wird und in welcher Reihenfolge die Anforderungen befriedigt werden. Deshalb werden zwei zusätzliche Ansätze vorgestellt, die weiterführende Lösungsmechanismen für Konfigurationsprobleme anbieten.

Das Constraint-Satisfaction-Modell behandelt ein Konfigurationsproblem als ein Vorgaben-Befriedigungs-Problem und sucht mit diesem Mechanismus die beste Lösung [FrMi 87]. Für jede Vorgabe wird ein "Ziel" ausgegeben, das erreicht werden muß. Zum Erreichen eines Ziels wird z.B. eine Komponente ausgewählt und ihre Vorgaben notiert. Diese Vorgaben erzeugen wieder Ziele, die wiederum zu einer Komponentenauswahl führen. Dieser Zyklus wiederholt sich, bis entweder alle Vorgaben erfüllt sind oder keine Komponenten mehr zur Auswahl zur Verfügung stehen. Bei jeder Komponente wird angegeben, welche anderen Komponenten sie benötigt und welche Vorgaben sie an diese Komponenten stellt. Während des Konfigurationsablaufs werden die Vorgaben erfaßt und nach Prioritäten geordnet abgearbeitet. Die bereits erfüllten Vorgaben und die ausgewählten Komponenten werden gespeichert und dienen so als Grundlage beim Auswählen weiterer Komponenten. Das Constraint-Satisfaction-Modell ist eine allgemein gehaltene Methode zur Lösung eines Konfigurationsproblems und berücksichtigt daher kein bereichsspezifisches, informationstechnisches Wissen. Vorteilhaft bei dieser Methode ist vor allem, daß Anforderungen bzgl. Komponenteneigenschaften und hierarchischer Komponentenbeziehungen formuliert werden können. Nachteilig ist allerdings die fehlende Betrachtung von Ressourcen.

Bei dem *ressourcenorientierten Ansatz* nach [Hein 91], der in seinen Grundannahmen dem Constraint-Satisfaction-Modell vergleichbar ist, werden die Ressourcen (Vorräte) mitberücksichtigt. Die Ressourcen, die von einer Komponente zur Verfügung gestellt und von anderen Komponenten verbraucht oder genutzt werden (siehe Bild 21), werden dabei als Verbindungselement zwischen den Komponenten verwendet.

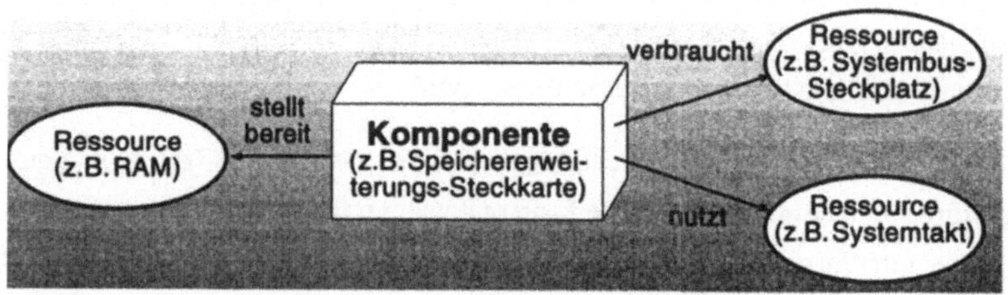


*Bild 21: Beispiel einer Komponente im ressourcenorientierten Modell*

Die Konfigurierung basiert auf der Bildung von Ressourcenbilanzen in allen Komponenten. Hier werden alle Ressourcenanforderungen und -bereitstellungen für die jeweilige Komponente notiert. Der Konfigurationsprozeß besteht aus der iterativen Befriedigung der Ressourcenanforderung mit der jeweils höchsten Priorität. Bei Widersprüchen wird die letzte Entscheidung zurückgenommen und eine andere Möglichkeit gewählt. Am Ende der Konfiguration müssen alle angeforderten Ressourcen bereitgestellt worden sein. Die Ressourcenbilanzen müssen zumindest ausgeglichen sein.

### 5.3.4   Bewertung der anwendungsneutralen Verfahren

Zur datentechnischen Modellierung einer Aufbau- und Ablauforganisation eignet sich die Methode der Strukturierten Analyse (SA) mit ihrer Real-Time-Erweiterung (SA/RT). Sie ermöglicht die Darstellung von Daten und Funktionen sowie ihrer Zusammenhänge. Um die Komplexität umfangreicher Modelle zu beherrschen, stehen Hierarchisierungsmöglichkeiten zur Verfügung. Problemorientierte Diagrammsymbole tragen zur Erhöhung der Verständlichkeit bei. Im Vergleich zur Entity-Relationship-Methode ist aber als nachteilig zu sehen, daß keine 1:N-Beziehungen etc. angegeben werden können. Um sowohl die allgemeine als auch die auf eine Produktionsanlage angepaßte Beschreibung einer informationsverarbeitenden Systemlösung mit einer einzigen Methode darstellen zu können, muß für die vorliegende Aufgabenstellung die SA-Methode um die Angabe von 1:N, M:N, M:1 und 1:1-Beziehung erweitert werden.

Nach Puppe handelt es sich bei der Planung von Informationssystemen um ein Konstruktionsproblem, dessen Problemtypen 'Konfiguration' und 'Zuordnung' sich auf die vorliegende Problemstellung anwenden lassen. In der Literatur gibt es mehrere dafür geeignete Ansätze, wie z.B. das Konfigurationsmodell nach [NaSt 92]. Da es sehr allgemein formuliert ist, muß es im Hinblick auf eine automatisierbare Durchführung der Planung von Informationssystemen konkretisiert werden. Dabei sind die Vorteile des Constraint-Satisfaction-Modells und des ressourcenorientierten Ansatzes zu berücksichtigen.

## 5.4   Zusammenfassung

Für die Planung von Informationssystemen existieren zahlreiche Ansätze. Dabei sind zwei verschiedene Ausrichtungen zu unterscheiden. Einerseits unterstützen diese Planungsverfahren die komplette Planung von der Definitionsphase bis zur Erstellung eines Realisierungsplans. Andererseits gibt es Ansätze, die sich auf Teilaufgaben, wie z.B. Hardwarekonfiguration, konzentrieren. Keiner dieser Ansätze kann alle in Kapitel 4 formulierten Anforderungen erfüllen. Die Defizite dieser Ansätze liegen vor allem in der mangelnden Universalität bei der Beschreibung der Planungsgegenstände, nicht vorgesehenen Integration in die gesamte Planungskette und in der nicht durchgängigen Rechnerunterstützung. Auffällig ist allerdings, daß eine Vielzahl der Ansätze sich auf die frühen Planungsphasen konzentriert, bei denen es sich hauptsächlich um die Analyse der Ist-Abläufe und den Entwurf des Soll-Ablaufs handelt.

Diese Ansätze zur Planung von Informationssystemen basieren vielfach auf anwendungsneutralen Verfahren. Für die vorliegende Aufgabenstellung sind vor allem die Methoden zur strukturierten Wissensdarstellung und zur automatisierbaren Planung und Konfiguration von Bedeutung.

# 6 Konzept zur integrierten Planung von Informationssystemen

## 6.1 Übersicht

Die Zielsetzung dieses Kapitels ist es, in Anbetracht der bisher ermittelten Ergebnisse und der Defizite bestehender Ansätze ein durchgängiges Konzept für die integrierte Planung von Informationssystemen in rechnerunterstützten Produktionssystemen zu entwerfen, das den in Kapitel 4 aufgestellten Anforderungen gerecht wird. Dazu wird ein Grobkonzept festgelegt, das unter Berücksichtigung der integrierten Stellung der Informationssystem-Planung in der gesamten Planungskette ein durchgängiges Vorgehensmodell beinhaltet. Dieses in Phasen gegliederte Planungsvorgehen stellt den äußeren Rahmen für die grundlegenden Planungsschritte dar. Es beinhaltet die Phasen 'Analyse von Ausgangsdaten', 'Entwerfen des Informationssystems' und Bewerten von Planungsalternativen'. Für die einzelnen Planungsschritte werden geeignete Methoden und Datenmodelle erarbeitet.

## 6.2 Grobkonzept

Wird die Planung von Informationssystemen ganzheitlich betrachtet, so ist für eine zielorientierte und reproduzierbare Abwicklung der gesamten Planung ein in Planungsphasen strukturierter Rahmen erforderlich, der nach [Scho 90] als Vorgehensmodell bezeichnet wird. Dieses Vorgehensmodell muß zum einen die einzelnen Aufgabenbereiche berücksichtigen. Zum anderen muß es über eine konsequente Rechnerunterstützung in und zwischen allen Planungsschritten verfügen. Aufgrund der Unterschiedlichkeit der Aufgaben werden an die jeweilige Aufgabenstellung angepaßte Datenmodelle benötigt. Dabei besteht die Anforderung, die einzelnen Modelle konsistent ineinander überführen zu können.

Wie in Kapitel 3 gesehen, stellt die Planung von Informationssystemen eine Phase in der Planung von Produktionssystemen dar. Auf diesem Gebiet existieren geeignete, methodische Vorgehensweisen. Dabei hat Grochla [Groc 78] ein formalisiertes, systematisches Vorgehen entwickelt, das aus logisch aufeinander aufbauenden Schritten besteht. In Bild 22 ist diese auf die Gegebenheiten der Informationssystem-Planung angepaßte Systematik dargestellt. Sie umfaßt alle notwendigen Stufen, um von den Ergebnissen der Anlagenplanung eine komplette Beschreibung eines Informationssystems erstellen zu können.

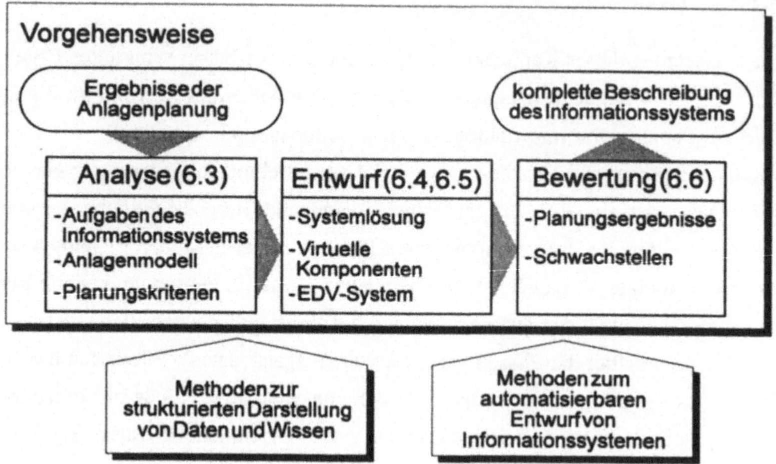


*Bild 22: Vorgehensweise bei der Planung von Informationssystemen*

Dazu werden in der Analysephase (Kapitel 6.3) aus den Ausgangsdaten die relevanten Planungskriterien, wesentliche Teile des Anlagenmodells und die Aufgaben ermittelt, die das zu planende Informationssystem erfüllen soll. Anhand dieser Ergebnisse können innerhalb der Entwurfsphase geeignete Lösungen für das Informationssystem ermittelt werden (Kapitel 6.4 und 6.5). Abschließend werden die Lösungsalternativen dahingehend bewertet, inwieweit sie die Planungskriterien erfüllen oder ob das Modell Schwachstellen aufweist (Kapitel 6.6). Grundlage für die zu erarbeitenden Methoden der einzelnen Planungsphasen sind die in Kapitel 5 untersuchten, anwendungsneutralen Verfahren aus der Literatur, die zur strukturierten Wissensdarstellung und automatisierten Planung eingesetzt werden. .

Um in der Entwurfsphase die Lösungsvielfalt, die sich aufgrund der unterschiedlichen, informationstechnischen Konzepte und Elemente ergibt, besser beherrschen zu können, ist es erforderlich, folgende Strukturierung einzuführen. Innerhalb der Entwurfsphase erfolgt die Auswahl und Anpassung eines oder mehrerer CAM-Systeme, die die geforderten Aufgaben des Informationssystems erfüllen können. Wie in Kapitel 2 gesehen, lassen sich CAM-Systeme durch die Angabe ihrer Funktionen und Informationsstrukturen, mit denen sie die Aufgaben eines Informationssystems unterstützen, und durch die Festlegung der dazu benötigten EDV-Komponenten charakterisieren. Die Beschreibung, wie die Funktionen und Informationsstrukturen zusammenwirken, um die Aufgaben des CAM-Systems zu erfüllen, kann losgelöst von der Bestimmung der EDV-Komponenten erfolgen. Diese Strukturierungsmöglichkeit von CAM-Systemen in eine funktions- und in eine realisierungsorientierte Beschreibungsebene soll genutzt werden, um den Planungsvorgang in Phasen zu unterteilen und damit überschaubarer zu gestalten (siehe Bild 23). Da in der funktionsorientierten Ebene die Aufgaben festgelegt werden, die das CAM-System lösen soll, wird im weiteren Verlauf der Arbeit der Teil eines CAM-Systems, der dieser Ebene zuzurechnen ist, als Systemlösung bezeichnet.

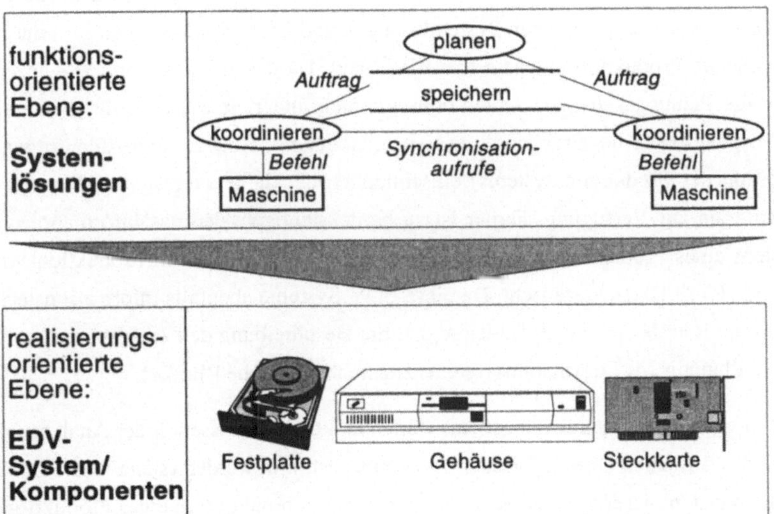


*Bild 23:   Einteilung eines CAM-Systems in funktions- und realisierungsorientierte Ebene*

Für die effektive Durchführung jeder Planungsstufe müssen die dazu benötigten Daten in einer geeigneten Form vorliegen. Dazu ist es erforderlich, für die Entwurfsphase geeignete Repräsentationsformen für Systemlösungen und EDV-Komponenten zu ermitteln. Um einen konsistenten Übergang zwischen den Repräsentationsformen für Systemlösungen und EDV-Komponenten zu gewährleisten, werden sogenannte virtuelle Komponenten eingeführt (siehe Bild 22).

Nachfolgend werden in den Kapitel 6.3 bis 6.6 das methodische Vorgehen und die Datenmodelle der Phasen 'Analyse', 'Entwurf' und 'Bewertung' von Informationssystemen eingehend beschrieben.

## 6.3     Analysephase

### 6.3.1     Überblick

Die Aufgabe der Analysephase ist es, aus den zu Beginn der Planung von Informationssystemen vorliegenden Daten die Informationen herauszufinden, die für die Auswahl der geeigneten Systemlösungen und EDV-Komponenten für eine zu planende Produktionsanlage erforderlich sind. Da das zu entwickelnde Konzept in die Planungskette von Produktionssystemen integriert werden soll, stehen als Ausgangsdaten die Ergebnisse der Anlagenplanung (Aufbau- und Ablauforganisation des Produktionssystems) einschließlich der dafür aufgestellten Planungskriterien zur Verfügung. Ferner ist zu berücksichtigen, daß das Informationssystem eines Produktionssystems mit dem EDV-System aus dem Produktionsvorfeld (PVF) Daten austauscht. Da diese EDV-Systeme ebenfalls informationstechnische Randbedingungen festlegen, ist ihre Beschreibung den Ausgangsdaten für die Planung des Informationssystems zuzurechnen (siehe Bild 24).

Um geeignete Systemlösungen auswählen zu können, müssen in der Analysephase die Aufgaben eines Informationssystems bestimmt werden (siehe Bild 24). Für die meisten dieser Systemlösungen ist die Aufbauorganisation eines Produktionssystems von Bedeutung, weil dadurch eine zahlenmäßige Anpassung der Komponenten in einer Systemlösung an die zu planende Produktionsanlage vorgenommen werden kann (z.B. eine Zellensteuerung pro Fertigungszelle). Für die Auswahl geeigneter EDV-Komponenten spielen die informationstechnischen Gegebenheiten eines Produktionssystems eine große Rolle.

Nachfolgend werden Konzepte für die Aufbereitung der Ausgangsdaten 'Anlage-daten', 'Planungskriterien' und 'Rechnerunterstützung im Produktionsvorfeld' auf-gezeigt, um daraus die obengenannten Ergebnisse in der Analysephase bereitstel-len zu können.

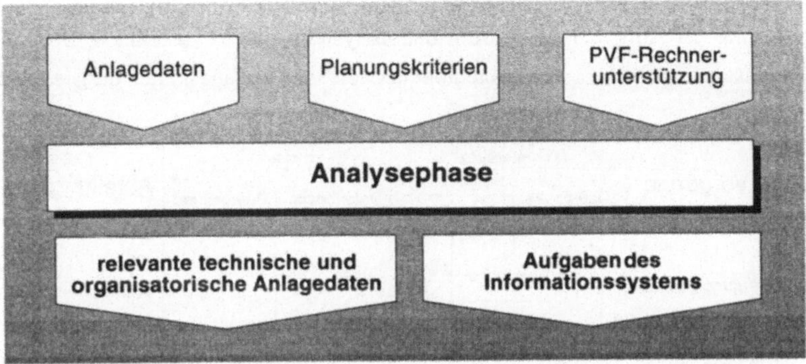


*Bild 24: Ausgangsdaten und Ergebnisse der Analysephase*

## 6.3.2 Analyse der Anlagedaten

In der Phase der Anlagenplanung wird ein Datenmodell eines Produktionssy-stems entwickelt, das aus der Beschreibung der Ablauf- und Aufbauorganisation für die zu planende Anlage besteht. Diese Daten können für die Planung von In-formationssystemen so aufbereitet werden, daß sich die Aufgaben des Informati-onssystems sowie die aufbauorganisatorischen und technischen Anforderungen an die benötigte Rechnerunterstützung in der Produktionsanlage ableiten lassen.

### Ablauforganisation

Die Untersuchung der Ablauforganisation eines Produktionssystems dient dazu, aus der Beschreibung der in dem zu planenden Produktionssystem notwendigen Abläufe die für das Informationssystem bedeutenden Vorgänge zu extrahieren und als informationsverarbeitende Aufgaben (z.B. Betriebsdatenerfassung, Auf-tragsabwicklung, DNC-Funktionen etc.) zu ermitteln.

Bei der Analyse bestehender Planungskonzepte wurde eine Reihe von leistungs-
fähigen, rechnerunterstützten Ansätzen (vgl. [Müll 91, Sche 90]) ermittelt, die
sich mit der Darstellung und Analyse der Ablauforganisation auseinandersetzen.
Aufgrund dessen soll im Rahmen dieses Konzepts keine weitere Methode zur
Modellierung der Ablauforganisation erarbeitet werden. Vielmehr ist eine leistungsfähige Schnittstelle zu diesen Ansätzen vorzusehen, um ihre Ergebnisse zur
Ermittlung der Aufgaben eines Informationssystems nutzen zu können. Bei diesen Ansätzen werden die Vorgänge üblicherweise in Vorgangsketten dargestellt.

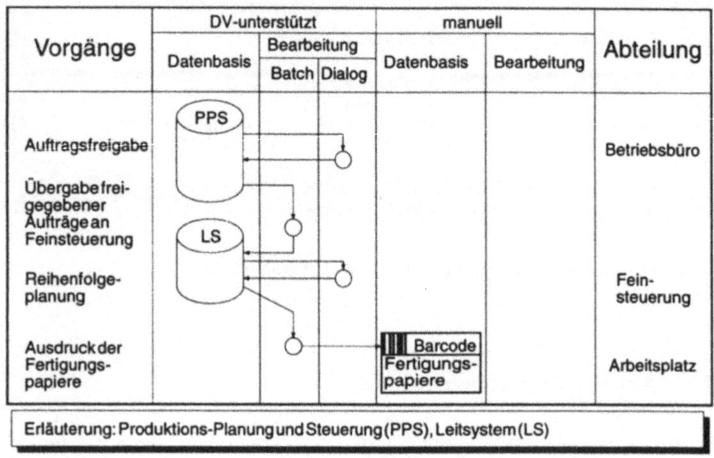


*Bild 25: Ausschnitt aus einem Vorgangskettendiagramm aus dem Bereich
Fertigungssteuerung nach [Sche 90]*

Wie in Bild 25 zu sehen, beinhalten Vorgangskettendiagramme die innerhalb einer Ablauforganisation notwendigen Vorgänge, wobei diese hinsichtlich der Aus-
führungsart (DV-unterstützt oder manuell) und der durchführenden Abteilung
weiter konkretisiert werden. Für die Ermittlung der von dem Informationssystem
durchzuführenden Aufgaben müssen vielmehr aus den Vorgangsketten elemen-
tare informationsverarbeitende Funktionen abgeleitet werden. Diese Funktionen
entsprechen weitgehend den in einem Vorgangskettendiagramm aufgelisteten
Vorgängen (siehe Bild 25). Die Bezeichnung der Vorgänge erfolgt meistens ohne
Berücksichtigung fester Regeln, wodurch sich die Teilfunktionen und EDV-Rea-
lisierungsmöglichkeiten nur erschwert oder sogar unmöglich zuordnen lassen.

Damit die Ergebnisse einer Vorgangskettenanalyse während der Planung von Informationssystemen als Eingangsdaten verwendet werden können, ist es erforderlich, im Rahmen der Konzeption der Planungsmethode eine einheitliche Schnittstellenbeschreibung zu schaffen. Wie in Bild 25 zu ersehen, umfaßt ein Vorgang eine Kombination aus einer Tätigkeit/Funktion und einem Objekt, auf das sich auf diese Tätigkeit bezieht. Daher müssen zunächst systematisch die objektunabhängigen Grundfunktionen und die für die EDV-Unterstützung relevanten Objekte ermittelt werden. Nach dieser Analyse können dann die Grundfunktionen und Objekte zu einheitlichen Vorgängen synthetisiert werden, die eine einheitliche Schnittstellenbeschreibung erlauben.

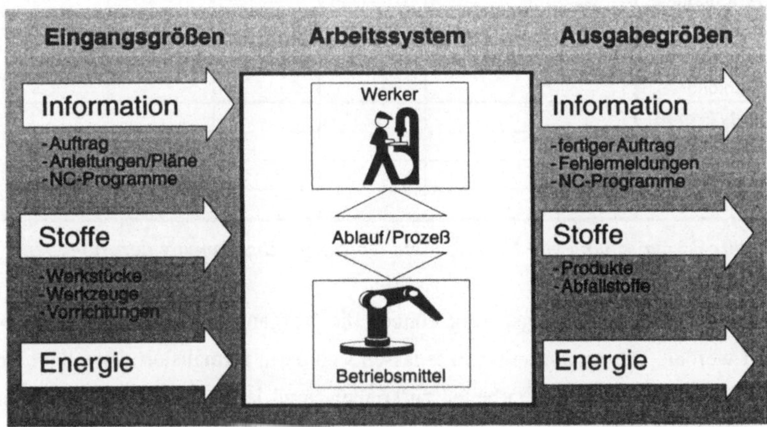


*Bild 26:   Objekte eines detaillierten Arbeitssystems nach [N.N. 87b]*

Aufgrund von regelungstechnischen Analogien lassen sich für ein Arbeitssystem nach REFA [N.N. 87b] die drei objektunabhängigen Grundfunktionen eines Informationssystems Planen, Steuern und Überwachen ableiten. Daneben gibt es noch weitere Funktionen, die zur Durchführung der drei genannten Funktionen benötigt werden. Es handelt sich dabei um Erfassen/Ausgeben, Verwalten und Transportieren von Informationen. Für die einheitliche Schnittstellenbeschreibung ist neben der Analyse der Grundfunktionen die Ermittlung der für die EDV-Unterstützung relevante Objekte notwendig. Dazu muß die schematische Darstellung eines Arbeitssystems und seiner Informations-, Material- und Energieflüsse detailliert werden (siehe Bild 26).

Basierend auf diesen Analyseergebnissen (in bezug auf Grundfunktionen und EDV-relevanten Objekte) können einheitliche informationsverarbeitende Funktionen synthetisiert werden. Dazu werden die Grundfunktionen des informationellen Systems und die in einem Arbeitssystem vorkommenden Objekte wie Funktionsträger (Werker, Maschinen), Arbeitsgegenstände (Werkstück, Werkzeug, Vorrichtungen) und informationsbezogene Arbeitsunterlagen (Arbeitspläne, NC-Programme, etc.) in einer Zuordnungsmatrix angeordnet (siehe Tabelle 3).

| Funktionen<br>Objekte | Planen im<br>CAM | Steuern | Über-<br>wachen | Erfassen /<br>Ausgeben | Verwalten | Transport |
|---|---|---|---|---|---|---|
| Auftrag | | | | | | |
| Anleitung / Plan | | | | | | |
| NC-Programme | | | | | | |
| Werkstück | | | | | | |
| Werkzeug | | | | | | |
| Vorrichtung | | | | | | |
| Ablauf / Prozeß | | | | | | |
| Werker | | | | | | |
| Maschinen | | | | | | |
| Fördermittel | | | | | | |

*Tabelle 3: Zuordnung von Funktion und Objekt zur Bestimmung der Aufgaben*

Anhand dieser Zuordnungsmatrix können die Vorgangskettendiagramme analysiert werden. Die Analyseergebnisse lassen sich darin formalisiert darstellen. Um diese Ergebnisse weiterverarbeiten zu können, muß jedes CAM-System mit seinen Funktionen ebenfalls in einer Zuordnungsmatrix beschrieben sein. Über den Vergleich der Zuordnungsmatrizen können geeignete CAM-Systeme für das untersuchte Vorgangskettendiagramm ermittelt werden.

**Aufbauorganisation**

Über die Beschreibung der Aufbaustruktur, die die Art und Anzahl der geplanten Betriebsmittel und ihre Gruppierung zu Funktionseinheiten (z.B. Fertigungszellen) beinhaltet, lassen sich wesentliche technische und organisatorische Gegebenheiten für die benötigte Rechnerunterstützung ermitteln. Je nach Planungskonzept und verwendetem Rechnerhilfsmittel können die Datenmodelle eines Produktionssystem unterschiedlich aufgebaut sein. Die wesentlichen Bestandteile eines Anlagendatenmodells sind das Anlagenlayout und eine datentechnische Beschreibung der in einem Produktionssystem vorkommenden Maschinen und Betriebsmittel sowie ihre Eingliederung in die gewählte Fertigungsorganisationsform.

In Bild 27 ist ein Datenmodell eines Produktionssystem dargestellt, das aus der Sicht der Planung von Informationssystemen alle notwendigen Informationen über eine Produktionsanlage beinhaltet. Mit diesem Datenmodell ist es möglich, sowohl technische Merkmale einzelner Komponenten zu spezifizieren als auch das Produktionssystem in einer hierarchischen Aufbaustruktur zu beschreiben.

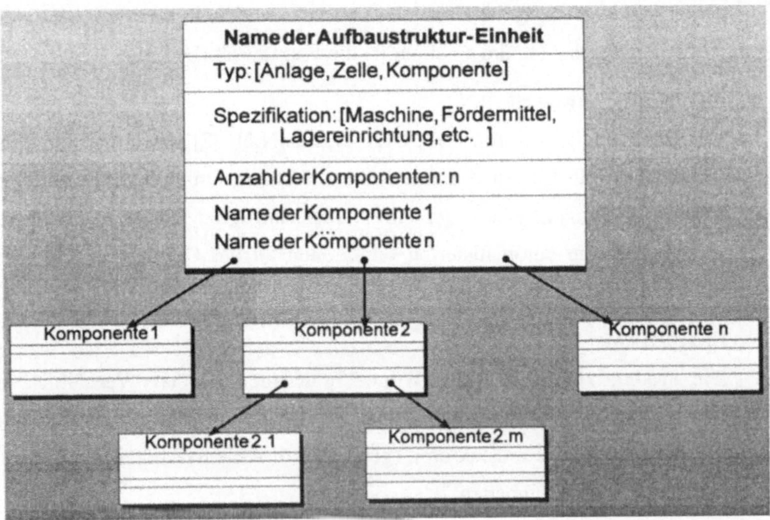


*Bild 27:  Formale Beschreibung einer Produktionssystem-Aufbaustruktur*

### 6.3.3   Angabe der Planungskriterien

Die Teilsysteme des zu planenden Produktionssystems sollen sich in optimaler Weise ergänzen. Das bedeutet im Hinblick auf die Analyse der Zielrichtung, daß alle in der Anlagenplanung vorliegenden Planungskriterien auf ihre Bedeutung für die Informationssystem-Planung untersucht werden müssen, um eine einheitliche Ausrichtung der Teilsysteme gewährleisten zu können.

Wie gesehen, ist eine Aufgabe in der Analysephase die Untersuchung der in früheren Planungsphasen festgelegten Planungskriterien auf ihre Bedeutung für die

Planung von Informationssystemen. Bei den charakteristischen Planungskriterien für flexible und flexibel automatisierte Produktionssysteme handelt es sich um 'Flexibilität', 'Automatisierungsgrad' und 'Produktivität' [Dill 92]. Sie sollen daher näher beschrieben werden.

- *Flexibilität*

  Nach [N.N. 87b] läßt sich die Fähigkeit eines Produktionssystems, innerhalb einer bestimmten Zeit für verschiedene Aufgaben einsatzfähig zu sein, als Flexibilität beschreiben. Je größer die Verschiedenartigkeit dieser Aufgaben und je geringer der Umstellungsaufwand (Zeit und Kosten) bei einem Aufgabenwechsel ist, um so höher ist die Flexibilität [Dill 92].

- *Automatisierungsgrad*

  Automatisierung bedeutet nach DIN 19233 [N.N. 72] das Ausrüsten einer Anlage mit künstlichen Systemen, die selbsttätig ein Programm befolgen können, wohingegen sich der Automatisierungsgrad aus dem Anteil bestimmt, den die automatisierten Funktionen an der Gesamtfunktion eines festgelegten Systems haben [Dill 92].

- *Produktivität*

  Die Produktivität wird nach [Wöhe 90] definiert als "das Verhältnis von mengenmäßigem Ertrag (gemessen in Stück, kg etc.) und mengenmäßigem Einsatz von Produktionsfaktoren (gemessen in Arbeitsstunden, Betriebsmittel- und Werkstoffeinheiten)".

Neben diesen allgemeinen Planungskriterien gibt es noch Vorgaben, die speziell für die Planung von Informationssystemen von Bedeutung sind. Dabei handelt es sich beispielsweise um Integrationsfähigkeit und Echtzeitanforderungen.


### 6.3.4    Beschreibung der Schnittstelle zum Produktionsvorfeld

Da in den meisten Fällen das zu planende Informationssystem in den Verbund der CIM-Systeme eines Unternehmens eingebunden werden soll, müssen auch Informationen vorliegen, welche informationstechnischen Randbedingungen sich durch die EDV-Systeme ergeben, die im Produktionsvorfeld eingesetzt werden. Diese EDV-Systeme lassen sich ausreichend charakterisieren durch:

- Hardware- und Software-Komponenten (bzgl. Funktion und Datenstrukturen)

- Formatbeschreibungen der Kommunikationsschnittstellen

## 6.4   Planung der Systemlösungen

### 6.4.1   Überblick

Wie in Kapitel 6.2 gezeigt, wird in der Beschreibung einer Systemlösung festgehalten, welche Aufgaben eines Informationssystems es unterstützen kann. Die Planung der Systemlösung ist daher der erste Schritt innerhalb der Entwurfsphase von Informationssystemen. Dabei gilt es methodisch für die in der Analysephase ermittelten Aufgaben des Informationssystems eine geeignete Systemlösung (z.B. DNC- oder CAM-Steuerungs-System) auszuwählen und an die spezifischen Anforderungen des zu planenden Produktionssystems anzupassen (siehe Bild 28).

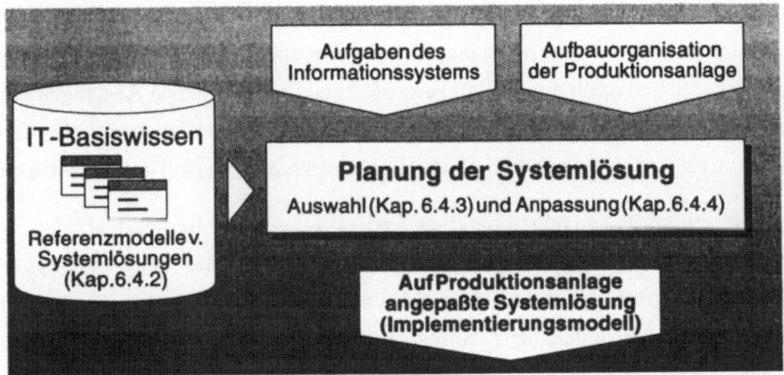


*Bild 28: Ausgangsdaten und Ergebnis bei der Planung der Systemlösung*

Die zur Auswahl stehenden Systemlösungen liegen jeweils in einer allgemeinen Beschreibung (Referenzmodell) vor und werden in einer Datenbasis verwaltet, die das benötigte Basiswissen über die informationstechnischen Systeme und Komponenten zur Verfügung stellt. Das Referenzmodell einer ausgewählten Systemlösung wird an die Aufbauorganisation der zu planenden Produktionsanlage angepaßt, aus dem das Implementierungsmodell der Systemlösung als Ergebnis dieser Entwurfsphase hervorgeht. Basis der für diese Planungsphase zu konzipierenden Planungsmethode ist eine geeignete Datenmodellierung von Systemlösungen. Dazu wird eine existierende Methode an die Belange der Informationssystem-Planung adaptiert.


### 6.4.2  Modellierung der Systemlösungen

Im Hinblick auf ein optimales Planungsergebnis müssen zwei wesentliche Anforderungen an die Modellierung von Systemlösungen gestellt werden. Es muß erstens sichergestellt werden, daß die Systemlösungen mit den in der Analysephase ermittelten Aufgaben des Informationssystems und den formulierten Planungskriterien eindeutig ausgewählt werden können. Zweitens müssen die Bestandteile einer Systemlösung und die dazu benötigten Informationen sowohl allgemein für die Darstellung in der informationstechnischen Wissensbasis als auch auf eine Produktionsanlage angepaßt modelliert werden können. Für diese beiden Fälle unterscheidet [Scho 90] die beiden Modellarten Referenz- und Implementierungsmodell. Nach [Scho 90] handelt es sich bei einem Referenzmodell um eine generell gültige, von individuellen Besonderheiten freigehaltenen Ausprägung eines Planungsobjekts, wohingegen eine individuelle, planungsfallspezifische Ausprägung eines Referenzmodells als das Implementierungsmodell bezeichnet wird.

In Bild 29 ist die Modellierung einer Systemlösung unter Berücksichtigung der oben gemachten Anforderungen anhand des Beispiels *CAM-Steuerungs-System* dargestellt. Darin sind neben dem Namen der Systemlösung die charakteristischen Merkmale 'unterstützte Aufgaben eines Informationssystems' und 'Planungskriterien' (z.B. Automatisierungsgrad und Flexibilität) abgebildet. Darüber hinaus beinhaltet diese Modellierung einer Systemlösung die Darstellung der Ablauf- und Aufbaustruktur. Über die Beschreibung der Ablauforganisation kann sich der Planer einen Überblick über das Zusammenwirken der einzelnen Bestandteile der Systemlösung verschaffen. Auf den weiteren Verlauf der Planung hat sie keine Auswirkungen. Innerhalb der Aufbaustruktur werden die zur Bewältigung der Aufgaben erforderlichen aufgabenspezifischen Komponenten und die dazwischen fließenden Informationen abgebildet. Wie oben gefordert, soll diese

Darstellung so konzipiert sein, daß Systemlösungen in einer einheitlichen Form sowohl allgemein als informationstechnisches Basiswissen bereitgestellt als auch planungsfallspezifisch modelliert werden können. Dazu sollen die Systemlösungen einerseits allgemein als ein Referenzmodell und andererseits als ein auf eine konkrete Produktionsanlage angepaßtes Implementierungsmodell dargestellt werden. In dem Referenzmodell werden nur die Elemente einer Systemlösung und die Beziehungen zwischen ihnen beschrieben. Die Anzahl der Elemente kann unter Umständen von der Produktionsanlage abhängig sein, auf die es angewendet werden soll. Die Bestimmung dieser Wiederholfaktoren wird durch die Anwendung der relevanten Anlagedaten vorgenommen, wodurch sich eine individuelle, planungsfallspezifische Ausprägung eines Referenzmodells der Systemlösung, das Implementierungsmodell, bestimmen läßt.

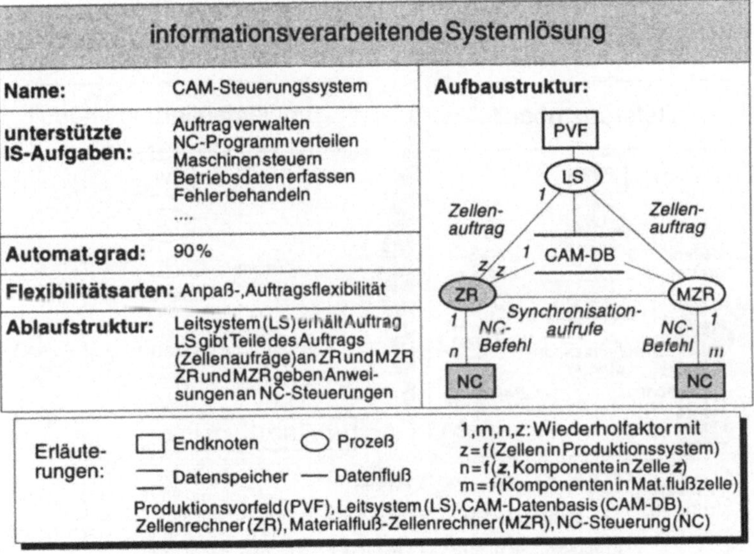


*Bild 29: Beispielhafte Modellierung eines CAM-Steuerungs-Systems*

Wie bei der Gegenüberstellung der Strukturierten Methoden deutlich wurde, eignet sich die Strukturierte Analyse (SA) für die Repräsentation einer Aufbauorganisation. Mit ihr lassen sich Funktionen und Daten sowie die Zusammenhänge zwischen ihnen darstellen. Darüber hinaus bietet sie Möglichkeiten zur hierarchi-

schen Zerlegung eines Modells. Für die Darstellung des Implementierungsmodells kann die SA unverändert angewendet werden. Um auch das Referenzmodell
der Aufbaustruktur damit darstellen zu können, muß die SA um die Angabemög-
lichkeit von Wiederholfaktoren (d.h. 1:N, M:N, M:1 und 1:1-Beziehungen) in
Anlehnung an die ER-Methode erweitert werden. Die für die vorliegende Aufgabenstellung angepaßte Strukturierte Analyse ist für das Referenz- und Implementierungsmodell in Bild 30 dargestellt. Zur Hervorhebung der reproduzierbaren
Komponenten des Referenzmodells sind diese grau hinterlegt. Jede Kombination
zwischen zwei Prozessen sowie zwischen Prozeß und Datenspeicher oder Endknoten kann mit einer 1:N, M:N, M:1 und 1:1-Beziehung versehen werden. Ferner muß jedes Referenzmodell-Element bezüglich seiner Zuordnung zu einer informationsverarbeitenden Ebene (z.B. Leit-, Zellenebene) nach [N.N.86] charakterisiert sein. Damit läßt sich das in Bild 30 beispielhafte Referenzmodell, das die
Aufbaustruktur eines CAM-Steuerungs-Systems wiedergibt, aufbauen.

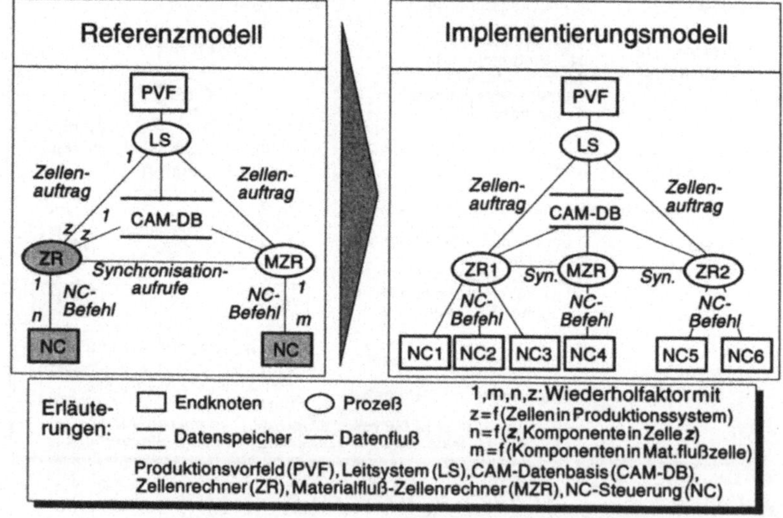



Bild 30: *Übergang vom Referenzmodell zum Implementierungsmodell der
Aufbaustruktur*

Wie in Kapitel 2 beschrieben, umfassen die Aufgaben dieses Systems die Steuerung und Überwachung eines flexiblen Fertigungssystems (FFS). Dazu besteht

dieses CAM-Steuerungs-System aus den drei Prozessen Leitsystem (LS), Zellen-rechner (ZR) und Materialflußzellenrechner (MZR) sowie einem Datenspeicher (CAM-DB). Zwischen den Elementen dieser Systemlösung werden Daten ausge-tauscht. Darüber hinaus kommuniziert das System mit anderen Systemen, die in Form von Endknoten dargestellt werden. Dabei kann es sich um EDV-Systeme des Produktionsvorfelds (PVF) und um NC-Steuerungen (NC) handeln. Für die Durchführung der Aufgaben werden 1 Leitsystem, 1 Materialflußzellenrechner und 1 Datenspeicher benötigt. Die Zahl der benötigten Zellenrechner hängt von der Anzahl der zu dem FFS zusammengefaßten flexiblen Zellen ab. Ebenso diffe-riert die Anzahl der in einer Zelle vorhandenen NC-Steuerungen. Die in der Zahl variierenden Elemente des Referenzmodells werden mit Wiederholfaktoren ver-sehen, die bei der Anpassung an eine konkrete Produktionsanlage durch feste Werte ersetzt werden. Wird das Referenzmodell z.B. auf eine Produktionsanlage angepaßt, die aus zwei Fertigungszellen mit drei und zwei NC-gesteuerten Ma-schinen sowie einer Materialflußzelle mit einem NC-gesteuerten Transportmittel besteht, resultiert daraus das in Bild 30 dargestellte Implementierungsmodell.

### 6.4.3   Auswahl der Systemlösungen

Die Abbildung der zu erfüllenden Aufgaben in einem Informationssystem auf ge-eignete Systemlösungen ist ein typisches Problem, auf das sich der Problemtyp 'Zuordnung' der Problemlösungsmethode 'Konstruktion' nach [Pupp 90] anwen-den läßt. Bei der Zuordnung besteht der Problembereich aus zwei von einander unabhängigen Mengen, die zum einen die Merkmale des zu lösenden Problems (Menge der zu erfüllenden Aufgaben) und zum anderen die verfügbaren Prob-lemlösungen (Systemlösungen im informationstechnischen Basiswissen) beinhal-ten (siehe Bild 31).

Die Verwendung der Problemlösungsmethode Zuordnung bietet sich zur Umset-zung der zu erfüllenden Aufgaben auf geeignete Systemlösungen an, da sich die Anforderungsmenge und die Menge der Lösungsalternativen klar trennen lassen sowie der Lösungsraum sinnvoll und zielgerichtet eingeschränkt werden kann. Diese Vorauswahl verkürzt somit die Dauer des Planungsprozesses und erhöht die Wahrscheinlichkeit, innerhalb einer begrenzten Anzahl an Planungsschritten eine zufriedenstellende Lösung zu finden.

Wie in Bild 29 gesehen, werden die von einer Systemlösung unterstützten Aufgaben bei der Modellierung einer Systemlösung angegeben. Dadurch kann, wie in Bild 31 beispielhaft dargestellt, eine Zuordnung zwischen einer zu erfüllenden Aufgabe und einer dafür geeigneten Systemlösung vorgenommen werden.

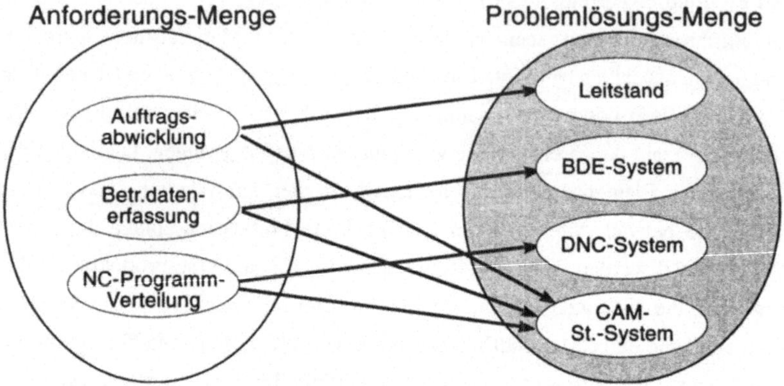


*Bild 31: Zuordnung der erfüllenden Aufgaben zu den Systemlösungen*

Über die Zuordnung der beiden Mengen kann auf einfache Weise die Systemlösung gefunden und ausgewählt werden, die die meisten zu erfüllenden Aufgaben unterstützen kann. Eignen sich mehrere Systemlösungen gleich gut, so soll das Modell den Vorzug erhalten, das die geforderten Planungskriterien am besten erfüllt. Tritt der Fall ein, daß nach Auswahl einer Systemlösung noch nicht alle zu erfüllenden Aufgaben zugeordnet werden konnten, wird dieses Auswahlverfahren solange auf die noch verbliebenen Systemlösungen angewendet, bis entweder alle Aufgaben abgebildet werden konnten, wobei die ausgewählten Systemlösungen überlagert werden, oder keine Systemlösung mehr zur Auswahl zur Verfügung steht und damit kein Planungsergebnis erzielt werden kann.

## 6.4.4 Anpassung der Systemlösungen

Bei einer erfolgreichen Zuordnung der zu erfüllenden Aufgaben liegen am Ende der Auswahlphase eine oder mehrere geeignete Systemlösungen vor. Diese Systemlösungen sind durch ihr Referenzmodell beschrieben, so daß sie als nächstes auf die spezifischen Anforderungen der Produktionsanlage angepaßt werden müssen. Dazu werden die Referenzmodelle der Systemlösungen auf Modellelemente mit Wiederholfaktoren untersucht. Jedes Element des hierarchischen Referenzmodells ist hinsichtlich seiner Zuordnung zu einer informationsverarbeitenden Ebene (z.B. Leit-, Zellenebene) nach [N.N. 86] charakterisiert. Um die Referenzmodelle in die individuellen, planungsfallspezifischen Implementierungsmodelle zu überführen, müssen die aufbauorganisatorischen Gegebenheiten des Produktionssystems anhand der in Bild 27 dargestellten hierarchischen Beschreibungsform der Aufbaustruktur ermittelt werden. Damit kann z.B. herausgefunden werden, wieviele Zellen zu einer Produktionsanlage gehören und wieviele NC-Maschinen in den Zellen vorhanden sind. Über diese Informationen und über die Angabe, welcher Ebene ein Referenzmodellelement zugeordnet wird, können die Wiederholfaktoren mit konkreten Werten bestimmt werden. Zur eindeutigen Zuordnung zwischen der Produktionsanlage und dem Implementierungsmodell werden die Bezeichnungen der Aufbauorganisationseinheiten den Elementen des Implementierungsmodells zugewiesen.

### 6.4.5   Zusammenfassung

Innerhalb der Entwurfsphase gilt es zunächst, die abstrakte Ebene eines Informationssystems zu planen. Für diese Aufgabenstellung ist die Modellierung der Systemlösungen eine Grundvoraussetzung. Im Rahmen dieser Repräsentation sind die spezifischen Anforderungen aus der Darstellung als Referenz- und Implementierungsmodell zu beachten. Um eine einheitliche Modellierungsmethode gewährleisten zu können, wurde die Strukturierte Analyse nach [DeMa 78] an die vorliegende Problemstellung angepaßt. Durch diese Repräsentierungsformen der Systemlösungen ist es möglich, anhand der benötigten informationsverarbeitenden Funktionen und Planungskriterien geeignete Systemlösungen auszuwählen, nötigenfalls zu überlagern und auf die aufbauorganisatorischen Gegebenheiten der zu planenden Produktionsanlage abzustimmen.

Das Implementierungsmodell der Systemlösung stellt die Basis für die Konfiguration des dafür geeigneten EDV-Systems dar. Bei diesem zweiten Planungsschritt der Entwurfsphase müssen alle Elemente und alle Informationsflüsse zwischen den Elementen auf EDV-technische Komponenten übertragen werden.

## 6.5 Konfiguration des EDV-Systems

### 6.5.1 Überblick

Nach der Planung der Systemlösung muß innerhalb der Entwurfsphase eines Informationssystems unter Berücksichtigung des geplanten Implementierungsmodells und der informationstechnischen Randbedingungen, die sich aus der zu planenden Produktionsanlage (z.B. durch NC-Steuerungen) und dem Produktionsvorfeld resultieren (siehe Bild 32), ein planungsfallspezifisches EDV-System konzipiert werden. Da es sich bei der vorliegenden Problemstellung um ein typisches Konfigurationsproblem handelt, liegt die Zielsetzung dieses Kapitels in der Konzeption einer Konfigurationsmethode, die auf bestehenden Lösungsmechanismen fußt, die obengenannten Einflüsse berücksichtigt und automatisierbar einen Planungsvorschlag erstellt. Dieser Vorschlag soll eine funktionsfähige Konfiguration eines EDV-Systems beschreiben, das durch Eingriffe des Planers weiter verbessert werden kann.

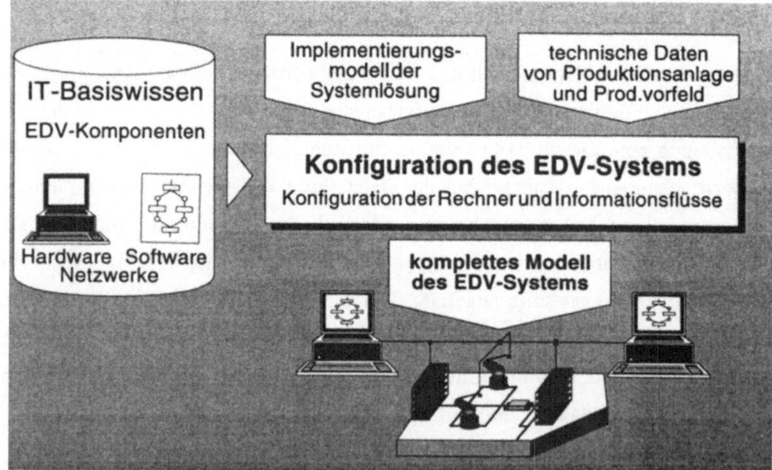


*Bild 32: Konfiguration eines EDV-Systems*

Um einen konsistenten Übergang vom Implementierungsmodell der Systemlösung zum Datenmodell des EDV-Systems zu gewährleisten, werden sogenannte virtuelle Komponenten eingeführt. Sie stellen einerseits die Verbindung zwischen den beiden Modellen dar. Andererseits können sie in ihrer Datenstruktur die informationstechnischen Randbedingungen aufnehmen.

Nachfolgend werden die grundlegenden Bestandteile einer geeigneten Konfigurationsmethode erläutert, mit der die Konfigurierung der Rechner und der Informationsflüsse durchgeführt werden kann.

### 6.5.2   Grundlegende Bestandteile der Konfigurationsmethode

Da sich ein EDV-System aus primitiven Bausteinen (z.B. modularen EDV-Komponenten) zusammensetzen läßt, handelt es sich um ein Problem, auf das sich der Problemtyp 'Konfiguration' der Problemlösungsmethode 'Konstruktion' nach [Pupp 90] anwenden läßt. Zur Lösung von Konfigurationsproblemen eignet sich das in Kapitel 5 beschriebene "Induktive Konfigurationsmodell M1" von Najmann und Stein [NaSt 92]. Seine grundlegenden Elemente sind in Bild 33 dargestellt. Aufgrund seiner formalen Auslegung läßt es sich auf die vorliegende Aufgabenstellung 'Konfigurierung von EDV-Systemen' anpassen. Ferner sind die Vorteile des 'Constraint-Satisfaction'-Modells und des Ressourcen-orientierten Modells zu berücksichtigen [FrMi 87, Hein 91].

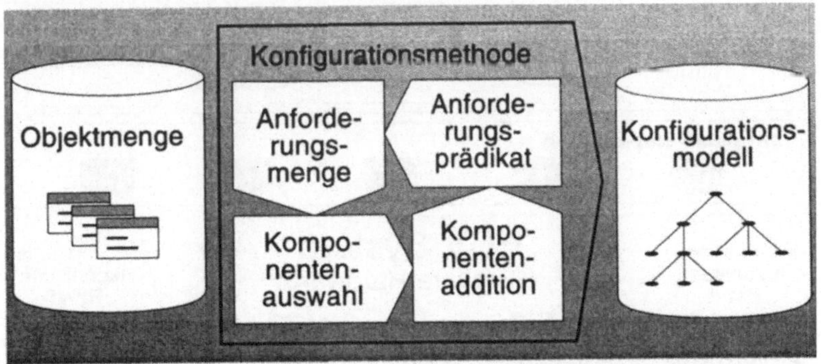


*Bild 33: Grundlegende Bestandteile der Konfigurationsmethode nach [NaSt 92]*

Bei der Anpassung dieser Konfigurationsmethode an die Bedürfnisse der Konfigurierung von EDV-Systemen kommt den Anforderungen, die sich durch die

Umsetzung des Implementierungsmodells auf EDV-Komponenten ergeben, eine Schlüsselposition zu. Sie beeinflussen in großem Maße die Beschreibung der Objekte (d.h. EDV-Komponenten) und auch den Modus, wie die Objekte ausgewählt (Komponentenauswahl) und verknüpft (Komponentenaddition) werden. Ferner wirken sie sich auf die Bestimmung des Anforderungsprädikats aus, mit dessen Hilfe ermittelt wird, ob eine Anforderung erfüllt ist.


### 6.5.3    Anforderungsmenge

**Analyse der Anforderungen**

Es gibt bei der Konfiguration von EDV-Systemen feste, unveränderbare Randbedingungen, die zum einen aus dem Implementierungsmodell und zum anderen aus den informationstechnischen Gegebenheiten des Produktionsvorfelds und der Produktionsanlage resultieren. Diese Randbedingungen stellen Anforderungen dar, die das EDV-System erfüllen muß (siehe Bild 34).

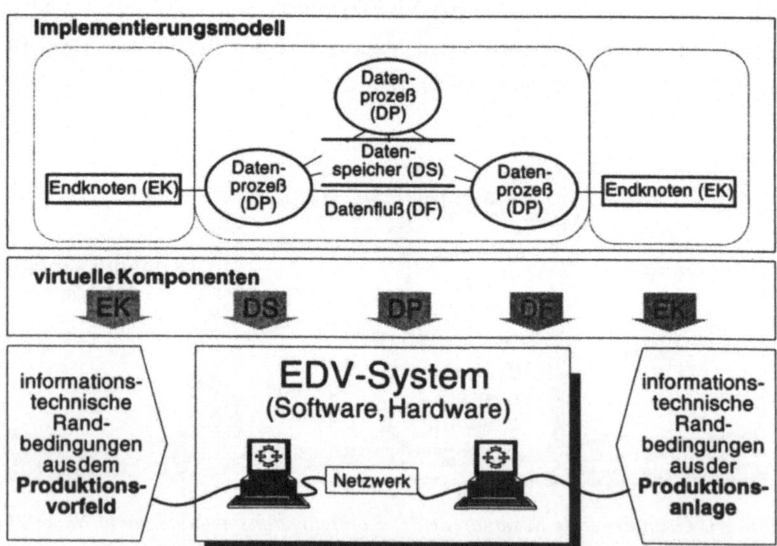


*Bild 34:  Anforderungen an die Konfiguration eines EDV-Systems resultierend aus informationstechnischen Randbedingungen und dem Implementierungsmodell*

Das "Induktive Konfigurationsmodell M1" von Najmann und Stein sieht innerhalb der Anforderungsmenge die Unterscheidung zwischen internen und externen Anforderungen vor. Übertragen auf die Konfiguration des EDV-Systems als Teil der Planung von Informationssystemen sind alle Anforderungen, die nicht während der eigentlichen Konfigurationsphase entstehen und nicht mehr beeinflußt werden können, als *externe* Anforderungen zu bezeichnen. Dabei handelt es sich um Anforderungen, die vom Implementierungsmodell der Systemlösung und von den informationstechnischen Komponenten der Produktionsanlage und des Produktionsvorfelds ausgehen.

Im Bereich der Systemtechnik bestehen Systeme aus ihren Elementen / Komponenten und den Relationen zwischen ihnen [Patz 82]. Angewendet auf die Implementierungsmodelle handelt es sich bei den Datenprozessen, Datenspeichern und Endknoten um die Komponenten und bei den Datenflüssen um die Relationen zwischen ihnen. Unter Berücksichtigung dieser systemtechnischen Betrachtungsweise können die externen Anforderungen weiter in *Komponenten-* und *Relations-orientierte Anforderungen* strukturiert werden (siehe Bild 35).

Externe Anforderungen können durch die Auswahl einer oder mehrerer EDV-Komponenten erfüllt werden. Da moderne EDV-Komponenten modular aufgebaut sind, werden zur Ausübung ihrer Funktion weitere EDV-Komponenten benötigt und sind erst im Verbund mit diesen lauffähig. Das hat zur Folge, daß sich die externen Anforderungen durch die Auswahl einer Komponente in Form von *internen* Anforderungen innerhalb des Systems fortpflanzen. Von EDV-Komponenten gehen mengenmäßige Anforderungen aus, bei denen eine Komponente Ansprüche auf Bestandteile einer anderen Komponente stellt. Beispiele hierfür sind die Belegung eines Steckplatzes durch eine Steckkarte. In der Literatur werden diese Bestandteile einer Komponente als *Ressourcen* bezeichnet [Hein 91]. Außerdem stellen EDV-Komponenten Anforderungen an spezielle *Eigenschaften* einer anderen Komponenten (z.B. Betriebssystem für einen bestimmten Rechnertyp). Die letzte Art der internen Anforderungen umfaßt die *hierarchische* Beziehung zwischen EDV-Komponenten, um Randbedingungen für den Zusammenbau der Komponenten formulieren zu können. Die einzelnen Arten der internen Anforderungsarten schließen sich nicht gegenseitig aus, sondern kommen meistens in Kombination zueinander vor (Bild 35).

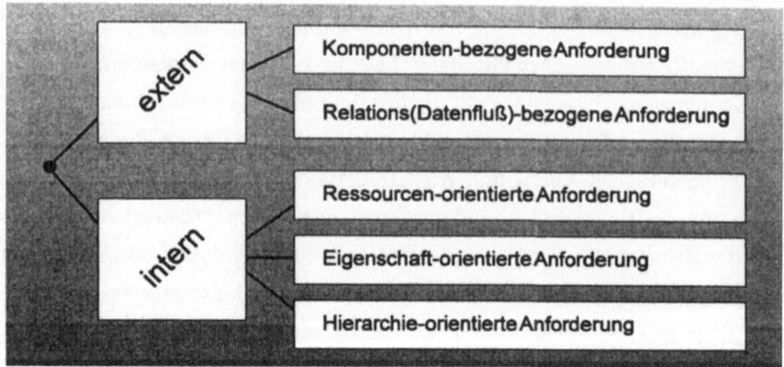


*Bild 35: Anforderungsarten*

Zur Erläuterung der hierarchisch-orientierten Anforderungen soll Bild 36 dienen. Darin ist die hierarchische Stellung zwischen der anfordernden und befriedigenden Komponente verdeutlicht. Die Stellung der befriedigenden Komponente ist namensgebend für die jeweilige Anforderungsart, wobei die folgenden Begriffsdefinitionen getroffen wurden. Eine Hauptkomponente steht an der Spitze eines hierarchischen Systems. Eine Überkomponente steht im Vergleich zur Unterkomponente auf einer übergeordneten Ebene. Bei normalen Komponentenanforderungen ist das hierarchische Verhältnis zwischen den Komponenten unbedeutend.

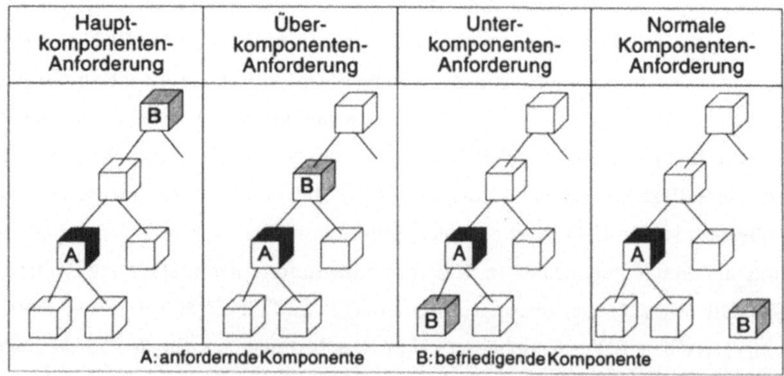


*Bild 36: Hierarchie-orientierte Gliederung der Anforderungen*

**Prioritäten der Anforderungsarten**

Die Strukturierung der Anforderungen kann in zweierlei Hinsicht genutzt werden, um die Effektivität einer Konfigurationsmethode zu verbessern. Zum einen können für jede analysierte Anforderungsart spezielle, wirkungsvolle Lösungsmechanismen erarbeitet werden. Zum anderen kann über eine Priorisierung eine zielorientierte und effiziente Reihenfolge festgelegt werden, in der die Anforderungen abgearbeitet werden. Dabei sind die Anforderungsarten so zu priorisieren, daß eine funktionsfähige Konfiguration eines EDV-Systems ermittelt werden kann sowie die in Kapitel 4 aufgestellten Planungsleitlinien 'Homogenität der Komponenten', 'Minimierung der Komponentenanzahl' und 'durchgängiger Informationsfluß' umgesetzt werden können.

Zur Festlegung der Prioritäten, nach denen die Anforderungen abgearbeitet werden, sollen folgende Überlegungen dienen.

1.  Der Aufbau der einzelnen Rechnereinheiten ist aufgrund der dazu notwendigen Komponenten-Vielzahl und -Vielfalt schwieriger als der Aufbau der dazugehörigen Datenleitungen. Die Komponenten-bezogenen Anforderungen sind daher höher anzusehen als die Relations-bezogenen.

2.  Um eine rasche Machbarkeit der externen Anforderungen ersehen zu können, soll eine externe Anforderung und seine daraus resultierenden internen Anforderungen komplett erfüllt werden, bevor die nächste externe Anforderung bearbeitet wird.

Aufgrund dieser Überlegungen sind die ermittelten Anforderungsarten wie in der Tabelle 4 dargestellt zu priorisieren.

| Priorität | Bezeichner der Anforderungsklasse |
|---|---|
| 1 | *Interne* Anforderung (Hierarchie-, Ressourcen-, Eigenschaft-orientiert) |
| 2 | Komponenten-bezogene Anforderung (*extern*) |
| 3 | Datenfluß-bezogene Anforderung (*extern*) |

*Tabelle 4: Abarbeitungsorientierte Priorisierung der Anforderungsarten*

Für die Reihenfolge der durchzuführenden Konfigurationsschritte bedeutet es, daß zuerst die einzelnen Rechner konfiguriert werden, bevor die Datenflüsse zwischen ihnen geplant werden.

### 6.5.4    Objektmenge und Objekte

**Arten der Objektmenge**

Zur Lösung von Konfigurationsproblemen sind zwei verschiedene Arten von Objektmengen erforderlich. Einerseits müssen aus einer Objektmenge alle theoretisch zur Verfügung stehenden Objekte ausgewählt werden können und andererseits müssen in einer Objektmenge alle ausgewählten Objekte strukturiert zu einem Konfigurationsmodell zusammengefaßt werden können. Zur Lösung dieser Anforderungen finden sich in der Literatur geeignete Ordnungsprinzipien [Günt 91, KoGü 92, EiEA 89]. Dabei handelt es sich um die taxonomische (*ist-ein*) und die kompositionelle (*ist-Teil-von / besteht-aus*) Hierarchie.

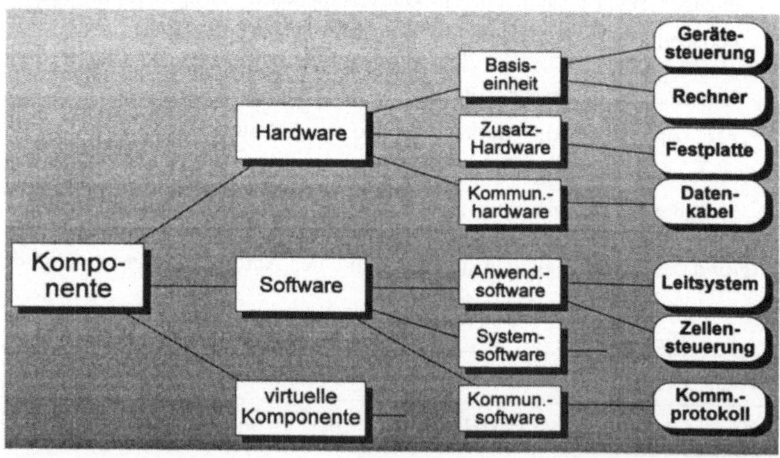


*Bild 37:  Beispiel einer Komponententaxonomie für eine EDV-Objektmenge*

Um aus einer Vielzahl von informationstechnischen Komponenten relevante Komponenten auswählen zu können, eignet sich die *taxonomische Hierarchie*.

Nach [Günt 91] dient sie dazu, Objekte zu typisieren, Klassen und Spezialisierun-
gen (Unterklassen) von Objekten zu beschreiben und deren Attribute, die innerhalb der Hierarchie weitergegeben werden können, festzulegen. Sie stellt damit
eine strenge Spezialisierungshierarchie dar, die die gezielte Suche nach Komponenten erleichtert. Am Ende eines Spezialisierungszweigs befinden sich die Beschreibungen für instanziierbare Objekte. Die modulare Gestaltung moderner
EDV-Komponenten erlaubt die strukturierte Repräsentation in Form der taxono-
mischen Hierarchie. Beispiele hierfür finden sich in der Literatur u.a. bei
[EiEA 89]. Aufgrund der stetigen und rasanten Entwicklung auf dem EDV-Ge-
biet ist nur eine prinzipielle Darstellung einer EDV-Komponenten-Taxonomie
sinnvoll, die für spezielle Anwendungen weiter zu verfeinern und stetig zu aktualisieren ist (siehe Bild 37). Sie gibt die in Kapitel 2 dargelegten, wesentlichen Bestandteile eines EDV-Systems 'Hardware' und 'Software' wieder, wobei der Komponententyp 'Netzwerk' bzgl. seiner Hard- und Softwarekomponenten aufgeteilt
wurde. Zusätzlich wird der Forderung nach einem Komponententyp, dessen Ausprägungen einen eindeutigen Übergang zwischen der logischen Ebene des Implementierungsmodells und der realen Ebene der EDV-Komponenten ermöglichen,
mit der Festlegung der virtuellen Komponente Rechnung getragen.

Die ausgewählten Komponenten werden ebenfalls zu einer Objektmenge zusammengesetzt. Für diese Aufgabenstellung eignet sich die *kompositionelle Hierarchie*. Darin werden Objekte unterschiedlicher Typen solange zu Einheiten oder
Aggregaten (z.B. Speicher) zusammengefaßt, bis daraus ein komplettes System
(z.B. Workstation) aufgebaut ist, das seine Gesamtfunktion erst nach dem Zusam-
menfügen aller Komponenten erreicht (siehe Bild 38).

Die Merkmale dieser Aggregate werden zum großen Teil von den Attributen ihrer Komponenten bestimmt. Für die Konfiguration von EDV-Systemen ist eine
Unterscheidung hinsichtlich des Geltungsbereichs dieser Attribute zu treffen. So
können diese Attribute nur für eine Komponente gelten (z.B. die Zugriffszeit einer Festplatte) oder sie haben eine so große Bedeutung, daß sie charakteristisch
für das komplette Aggregat sind (z.B. Echtzeitfähigkeit). Für die datentechnische
Repräsentation bedeutet es, daß die Attribute gekennzeichnet werden müssen, ob
sie nur lokal für eine Komponente oder global für das zugehörige Aggregat wirken. Im Hinblick auf einen effektiven Konfigurationsablauf sollen die global in-

nerhalb eines Aggregats wirkenden Attribute auch direkt bei der Beschreibung des Aggregats verwaltet werden, um nicht jedes Objekt eines hierarchischen Aggregats auf das charakteristische Attribut untersuchen zu müssen.

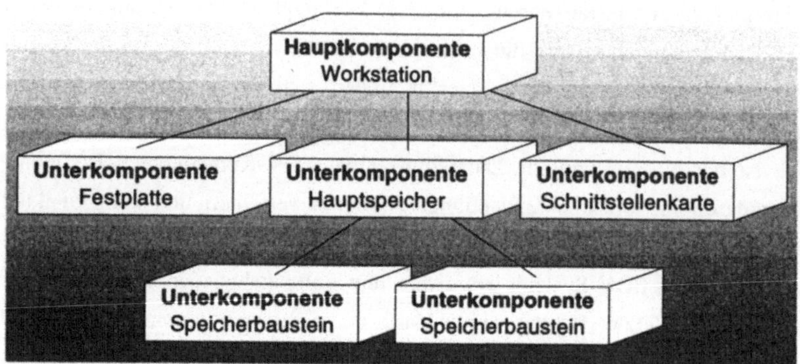



*Bild 38: Kompositionelle Hierarchie am Beispiels einer Workstation*

## Objekte

Die für eine Konfiguration zur Auswahl stehenden Objekte sind Instanzen der oben beschriebenen Komponenten-Taxonomie. Bei den zu betrachtenden Objekten handelt es sich, wie in Bild 37 dargestellt, sowohl um EDV-Komponenten als auch um virtuelle Komponenten. Diese beiden Objektarten müssen für die Planung von Informationssystemen datentechnisch hinreichend genau repräsentiert werden. Wie gesehen, nehmen die von Komponenten ausgehenden Anforderungen eine entscheidende Rolle während des Konfigurationsvorgangs ein. Daher umfaßt die datentechnische Beschreibung dieser Objekte neben den identifizierenden Daten (Objektname und -typ) Informationen, die für die Erfüllung der Anforderungen bezüglich Hierarchiestellung, Eigenschaften und Ressourcen erforderlich sind. Ferner beinhaltet die Objektstruktur die Beschreibung aller Anforderungen an andere Komponenten (siehe Bild 39). Die einzelnen Merkmale (Eigenschaften, Ressourcen und Anforderungen) werden in sogenannte Slots verwaltet.

Der *Objektname* wird zur Identifizierung während des Konfigurationsvorgangs benötigt. Der *Objekttyp* entspricht einem Typ der Komponententaxonomie und bezeichnet, wie in Bild 37 zu sehen, die Betriebsmittelklasse (z.B. Kommunikationshardware), zu der das Objekt gehört.

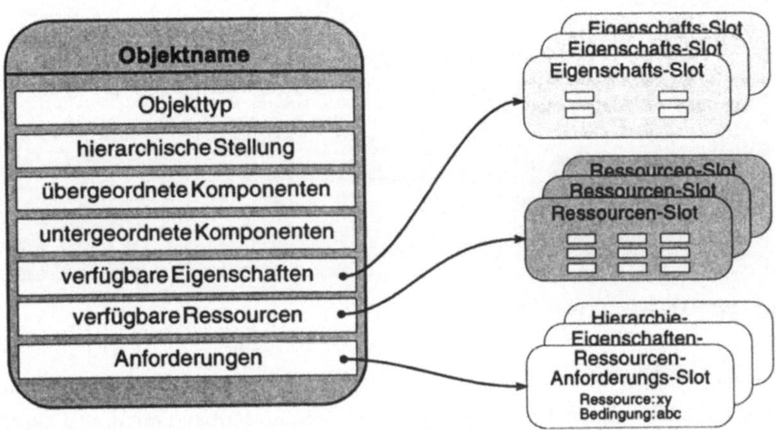


*Bild 39:  Attribute eines Objekts*

Bei der Angabe der *hierarchischen Stellung* können die bei den Anforderungsarten ermittelten Bezeichner verwendet werden. Hierbei ist es vor allem wichtig anzugeben, ob es sich bei einer Komponente um eine Hauptkomponente, d.h. Rechnerbasiseinheit, in die EDV-Komponenten eingebaut werden können, oder um eine Unterkomponente handelt, die in eine andere Komponente eingebaut werden kann oder womöglich auch aus Unterkomponenten besteht. Für den Aufbau von Aggregaten ist es wichtig, alle *über- und untergeordneten Komponenten* für ein Objekt beschreiben zu können.

Wichtig für die Auswahl einer Komponente sind die Angaben zu den *Eigenschaften* und den *Ressourcen* eines Objekts, da hierüber die Funktionalität eines Objekts beschrieben wird. In Bild 40 ist beispielhaft die Beschreibung der Ressource 'Hauptspeicher' zu sehen. Mit Hilfe dieser Strukturierung einer Ressource können der Ressourcenbezeichner, die Zuordnung der Ressource zu einem Objekt eines Aggregats, die Bedingungen zu der Ressource (z.B. 5.000 kB $\leq$ Hauptspeicher $\leq$ 30.000 kB) und der verfügbare Ressourcenbetrag (hier 14.000 kB), der sich aus angebotenen und angeforderten Ressourcen ermitteln läßt, dargestellt werden.

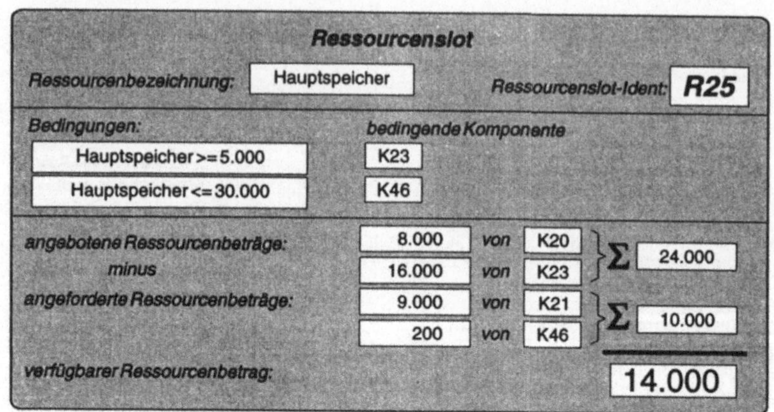


Bild 40:  Merkmale eines Ressourcenslots

Wie bereits beschrieben, brauchen moderne EDV-Komponenten zur Ausübung ihrer Funktion weitere Komponenten und sind erst im Verbund mit diesen lauffähig. Dazu werden bei einem Objekt alle *Anforderungen* an andere Objekte bzgl. hierarchischer Stellung, Eigenschaften und Ressourcen festgelegt (siehe Bild 39).

Diese Objektstruktur läßt sich sowohl auf die EDV-Komponenten als auch mit geringen Abweichungen auf die virtuellen Komponenten anwenden. Die Unterschiede zwischen beiden Komponentenarten werden nachfolgend gezeigt.

## Virtuelle Komponenten

Mit Hilfe der virtuellen Komponenten soll eine durchgängige Verbindung zwischen den Elementen des Implementierungsmodells und der kompositionell-hierarchischen Objektmenge eines EDV-Systems ermöglicht werden. Dazu sind die Erfordernisse beider Ebenen ausreichend zu berücksichtigen.

Im Hinblick auf das Implementierungsmodell sind die Informationen notwendig, welche Funktionalität einer Systemlösung durch eine virtuelle Komponente repräsentiert wird und welcher Elementart (Prozeß, Datenspeicher, Datenfluß, Endknoten) eine virtuelle Komponente angehört. Die Funktionalität wird in dem Objektmerkmal *Name* und die Elementart in dem Objektmerkmal *Objekttyp* beschrieben. Zur vollständigen Beschreibung der Implementierungsmodell-Erfordernisse benötigen die Datenflüsse darüber hinaus die Angabe ihrer Quell- und Senken-Elemente, die in den verfügbaren Eigenschaften gespeichert werden.

Um den durchgängigen Übergang sicherzustellen, umfassen die virtuellen Komponenten die Anforderungen an die dafür benötigten EDV-Komponenten. Dabei handelt es sich um die Angabe einer geeigneten Anwendungssoftware und einem bestimmten Rechnertyp (z.B. PC oder Workstation), auf dem die Software installiert werden soll. Die virtuellen Komponenten von der Elementart 'Endknoten' nehmen die informationstechnischen Randbedingungen auf, die sich durch die in der Produktionsanlage und im Produktionsvorfeld eingesetzten Geräte ergeben.

## 6.5.5   Konfigurierung der Rechnereinheiten

### 6.5.5.1  Auswahl der Komponenten

Unter Berücksichtigung der grundlegenden Bestandteile der Konfigurationsmethode nach [NaSt 92], der Anforderungsarten und der Vielschichtigkeit der zur Verfügung stehenden Komponenten muß eine Vorgehensweise für die Auswahl der Komponenten erarbeitet werden, mit der die Umsetzung der Prämissen

(i)    Aufbau einer funktionsfähigen Konfiguration

(ii)   durchgängig rechnerunterstützter Informationsfluß

(iii)  minimale Anzahl an Komponenten

(iv)  möglichst große Homogenität der Komponenten

sichergestellt werden kann.

In Bild 41 ist das allgemeine Vorgehen dargestellt, mit dem externe, komponentenbezogene Anforderungen oder interne Anforderungen auf passende EDV-Komponenten umgesetzt werden können. Unter Berücksichtigung der oben festgelegten Anforderungsprioritäten wird zu Beginn dieses Vorgehens die wichtigste Anforderung ermittelt und aus der Agenda ausgelesen. Für diese ursprüngliche Anforderung werden alle für die zu befriedigende Anforderung relevanten Komponenten aus dem Komponentenvorrat bestimmt. Um die für den jeweiligen Stand der Konfiguration geeignetste Komponente ermitteln zu können, werden die selektierten Komponenten im Hinblick auf Planungsleitlinien (iii), (iv) in die für den Zeitpunkt der Auswahl beste Reihenfolge gebracht und in einer Komponenten-Alternativen-Liste festgehalten. Die beste Komponente wird ausgewählt und mit Hilfe des Additionsoperators in das bis dahin aufgebaute Konfigurationsmodell integriert. Bei der Addition dieser Komponente werden möglicherweise daraus resultierende Anforderungen festgestellt, in die Anforderungs-Agenda eingetragen und versucht, sie zu erfüllen. Falls für die ursprüngliche Anforderung keine zu befriedigenden Anforderungen mehr bestehen und keine Widersprüche bei Eigenschaften, Ressourcen oder bei den hierarchischen Beziehungen auftreten, kann die ursprüngliche Anforderungen als erfüllt angesehen werden.

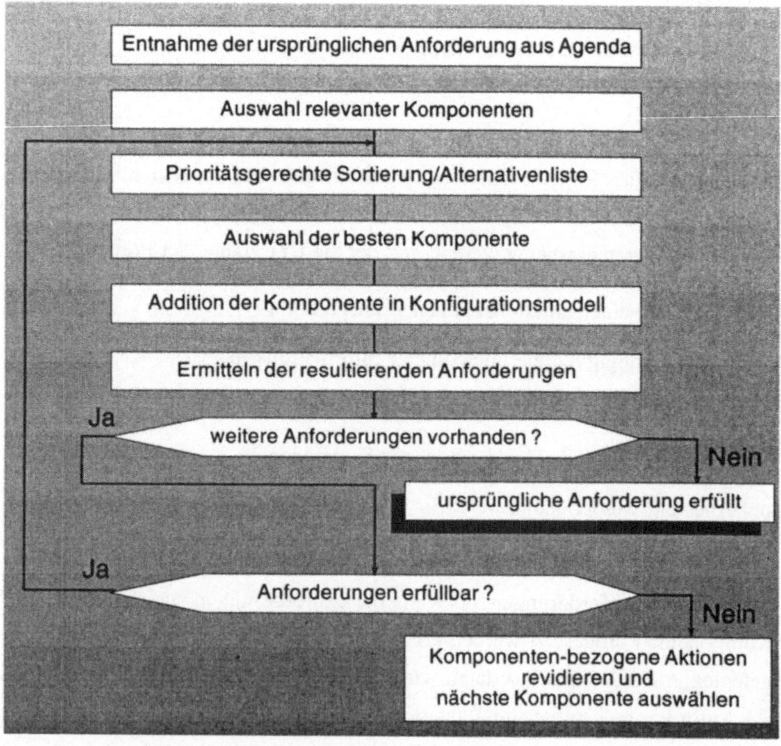


*Bild 41: Auswahl der für die Befriedigung der Anforderungen geeigneten Komponenten*

Gelingt es nicht, alle aus der Auswahl einer Komponente resultierende Anforderungen zu befriedigen, müssen alle nach der Auswahl dieser Komponente getroffenen Entscheidungen und Aktionen rückgängig gemacht werden und die nächste Komponente aus der Alternativenliste genommen werden. Für diese Komponente werden die oben beschriebenen Schritte durchgeführt. Falls sich in der betreffenden Alternativenliste keine Komponente mehr befindet, muß in Analogie zu den gemachten Ausführungen alle Schritte bis zu der in dem Konfigurationsablauf davorliegenden Alternativenliste revidiert werden. Dieser Vorgang muß solange wiederholt werden, bis eine funktionsfähige Konfiguration bestehend aus datenfluß-technisch noch unverbundenen Rechnereinheiten vorliegt oder der Vorrat an möglichen Komponenten erschöpft ist und keine Lösung gefunden werden kann.

## 6.5.5.2  Alternativenliste

Falls es zur Befriedigung einer Anforderung mehrere Alternativen gibt, besteht die Aufgabe, die für diese Anforderung geeigneten Komponenten in einer Alternativenliste aufzunehmen und darin in einer definierten Reihenfolge bereitzustellen. Damit läßt sich eine Effizienzsteigerung der Planung erreichen, da der Komponentenvorrat nur einmal durchsucht werden muß und die Komponenten so angeordnet werden, wie es zum Zeitpunkt der Abarbeitung einer Anforderung unter Beachtung der bis dahin erstellten Konfiguration und vor allem unter Berücksichtigung der oben gemachten Prämissen 'Minimierung der Komponenten-Anzahl' und 'maximale Homogenität der Komponenten' geeignet ist.

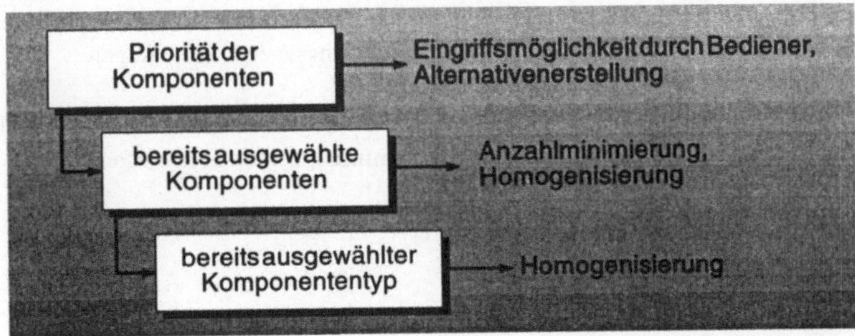


*Bild 42:  Prioritäten bei der Auswahl der relevanten EDV-Komponenten und ihre beabsichtigte Wirkung*

Die in den Alternativenlisten gespeicherten Möglichkeiten werden nach den folgenden, in der Reihenfolge ihrer Wichtigkeit dargestellten Gesichtspunkten sortiert, um eine optimale Auswahl zu gewährleisten. In Bild 42 sind die Prioritäten beim Aufbau einer Alternativenliste und ihre beabsichtigten Wirkungen dargestellt. Damit auf jeden Fall der Planer sein Wissen und seine Erfahrungen einbringen kann, wird jede Komponente mit einer *Auswahlpriorität* versehen. Falls sich eine *bereits ausgewählte Komponente* für die Befriedigung der Anforderung eignet, soll diese bevorzugt eingesetzt werden. Bei neu auszuwählenden Komponenten werden solche bevorzugt, deren *Komponententyp* bei den schon ausgewählten Komponenten vorhanden ist.

### 6.5.5.3  Additionsoperator

Wie oben beschrieben, werden zur Befriedigung von Anforderungen, die in Form einer Agenda formuliert sind, Alternativenlisten erstellt. In diesen Listen sind alle geeigneten Komponenten in einer der Situation angepaßten Reihenfolge zusammengefaßt. Es wird sukzessiv versucht, eine Komponente $K$ aus der Alternativenlisten zu bestimmen, die in das Konfigurationsmodell integriert werden kann (siehe Bild 43). Nach [NaSt 92] wird das Hinzufügen einer Komponente mit dem Methodenelement 'Additionsoperator' definiert. Der Additionsoperator hat ganz allgemein die Aufgaben, prinzipielle Bedingungen vor der Addition zu überprüfen, dann die Addition vorzunehmen. Bei der Addition werden globale Eigenschaften und Ressourcen an übergeordnete Komponenten weitergegeben, Ressourcenbilanzen erstellt und, wenn erforderlich, weitere Ressourcen nachbestellt. Nach der Addition sind die sich daraus ergebenen Anforderungen zu ermitteln und entsprechend ihrer Priorität in die Anforderungsagenda einzutragen.

Bei der Addition einer Komponente zu dem Konfigurationsmodell sind die drei grundsätzlichen Beziehungstypen, die die Anforderungsarten betreffen,

- kompositionell-hierarchische Beziehung

- Ressourcen

- Eigenschaften

zu berücksichtigen.

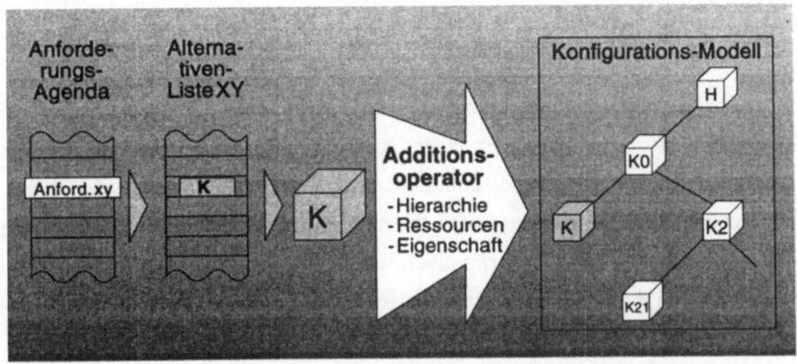


*Bild 43:  Addition einer Komponente zu dem Konfigurationsmodell*

### 6.5.5.4   Anforderungsprädikat

Die Aufgabe des Anforderungsprädikats liegt in der Beurteilung, ob eine Anforderung aufgrund ausgewählter EDV-Komponenten erfüllt werden kann.

Die Definition des Anforderungsprädikats für externe Komponenten-bezogene Anforderungen stützt sich auf der oben festgelegten Vereinbarung, daß eine externe Anforderung und alle daraus resultierende Anforderungen erfüllt sein müssen, bevor die nächste externe Anforderung betrachtet wird. Damit gilt eine externe Anforderung dann als erfüllt, wenn alle aus ihr resultierenden internen Anforderungen erfolgreich umgesetzt sind.

Eine interne Anforderungen gilt als erfüllt, wenn eine Komponenten existiert, die die angeforderten Ressourcen und/oder Eigenschaften zur Verfügung stellen kann und die Bedingungen bzgl. des hierarchischen Rangs befriedigen kann.

### 6.5.6   Konfigurierung der Informations- und Datenflüsse

Mit den bisher beschriebenen Konfigurationsschritten ist es möglich, die Elemente des Implementierungsmodells Prozeß, Datenspeicher und Endknoten über virtuelle Komponenten auf EDV-Komponenten umzusetzen. Das Ergebnis dieser Konfigurierung sind einzelne Rechnereinheiten, die zwar die ausgewählte Systemlösung mit allen notwendigen Soft- und Hardware-Komponenten unterstützen, aber bis zu diesem Konfigurationsschritt datentechnisch noch nicht verbunden sind. Für einen durchgängigen Informationsfluß, der die Rechnereinheiten miteinander verbindet, müssen in einer letzten Konfigurationsphase die in dem Implementierungsmodell festgelegten Datenflüsse auf reale Komponenten umgesetzt werden. Bei den nachfolgenden Ausführungen sollen die Datenflüsse, die im Implementierungsmodell vorkommen, als die logischen Datenflüsse und die über EDV-Komponenten realisierten Datenflüsse als die realen Datenflüsse bezeichnet werden. Dazu müssen die Möglichkeiten untersucht werden, wie die logischen Datenflüsse realisiert werden können. In Tabelle 5 wird gezeigt, zwischen welchen Elementen des Implementierungsmodells prinzipiell Datenflüsse existieren können. Unter Berücksichtigung der Tabelle 5 soll im folgenden bei der Bestimmung der EDV-Komponenten, die zur Umsetzung der Datenflüsse notwendig sind, allgemein in Datenquelle und Datensenke unterschieden werden.

| Datensenke<br>Datenquelle | DP<br>(Datenprozeß) | DS<br>(Datenspeicher) | EK<br>(Endknoten) |
|---|---|---|---|
| DP | ⊙ | ⊙ | ⊙ |
| DS | ⊙ | | ⊙ |
| EK | ⊙ | ⊙ | |

*Tabelle 5: Kombinationsmöglichkeit der Implementierungsmodell-Elemente*

In Bild 44 ist dargestellt, wie die logischen Datenflüsse des Implementierungsmodells (siehe Bild 44a) auf die realen Datenflüsse, die in einem EDV-System aufgebaut werden können und z.B. zwischen zwei Rechnern bestehen (siehe Bild 44b), abgebildet werden können. Der Angabe 'Zielkomponente' kommt eine entscheidende Bedeutung zu. Sie wird im folgenden erläutert.

Der Datenfluß zwischen zwei Rechnern ist aber nicht die einzige Möglichkeit, Daten zwischen Elementen des Implementierungsmodells auszutauschen. In Bild 45 werden alle prinzipiellen Möglichkeiten zur Abbildung logischer auf reale Datenflüsse dargestellt. Dabei handelt es sich bei 'Q' und 'S' um die Datenquelle und -senke, die beide Elemente des Implementierungsmodells sind.

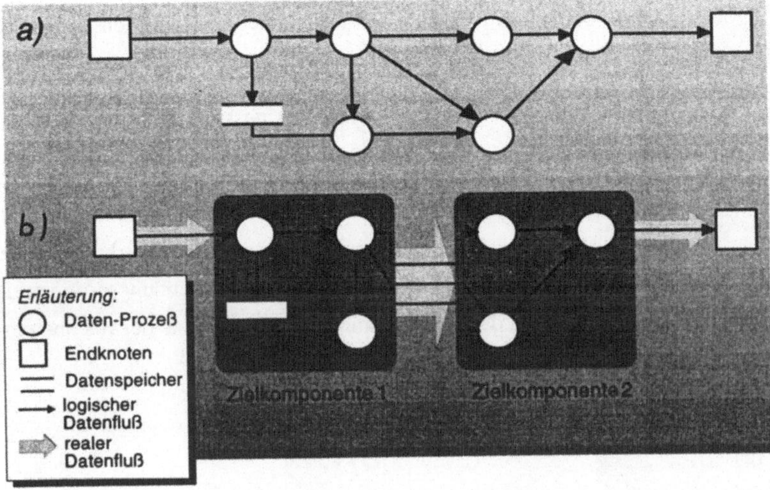


*Bild 44:  Abbildung der logischen auf reale Datenflüsse*

a) Die Datenquelle und -senke können auf ein Anwendungsprogramm abgebildet werden. Innerhalb des Anwendungsprogramms kann auch der Datenaustausch erfolgen. Weitere Konfigurationsschritte sind hierfür nicht nötig.

b) Die Funktionalität der Datenquelle und der Datensenke wird jeweils durch
eine Anwendungssoftware bereitgestellt. Die beiden Anwendungsprogramme (ASW1 und ASW2) können auf dem gleichen Rechner laufen und tauschen ihre Daten über eine Kommunikationssoftware (KSW1) aus. Daraus
resultieren die Konfigurations-Anforderungen:

- beide Anwendungsprogramme müssen über dasselbe Protokoll kommunizieren und

- es muß die dazugehörige Kommunikationssoftware auf dem Rechner
  (ZK1) vorhanden sein.

c) Der Rechner (ZK1) ist mit einer Kommunikationssteckkarte (ZK2) ausgestattet, die z.B. Echtzeit-gerechte Kommunikation erlaubt. Der Datenfluß
zwischen 'Q' und 'S' erfolgt software-technisch über die Anwendungs- und
Kommunikationssoftware und zusätzlich hardware-technisch über den internen Datenbus des Rechners, wovon ein Steckplatz durch die Kommunikati-

onssteckkarte belegt wird. Daraus resultieren die Konfigurations-Anforderungen:

- beide Anwendungsprogramme müssen über dasselbe Protokoll kommunizieren und

- es muß die dazugehörige Kommunikationssoftware sowohl auf dem Rechner als auch der Kommunikationssteckkarte als Unterkomponente vorhanden sein. (Bem.: Die Steckkarte und die Anwendungsprogramme sind bereits während der Konfiguration als Komponente der Rechnereinheit ermittelt worden)

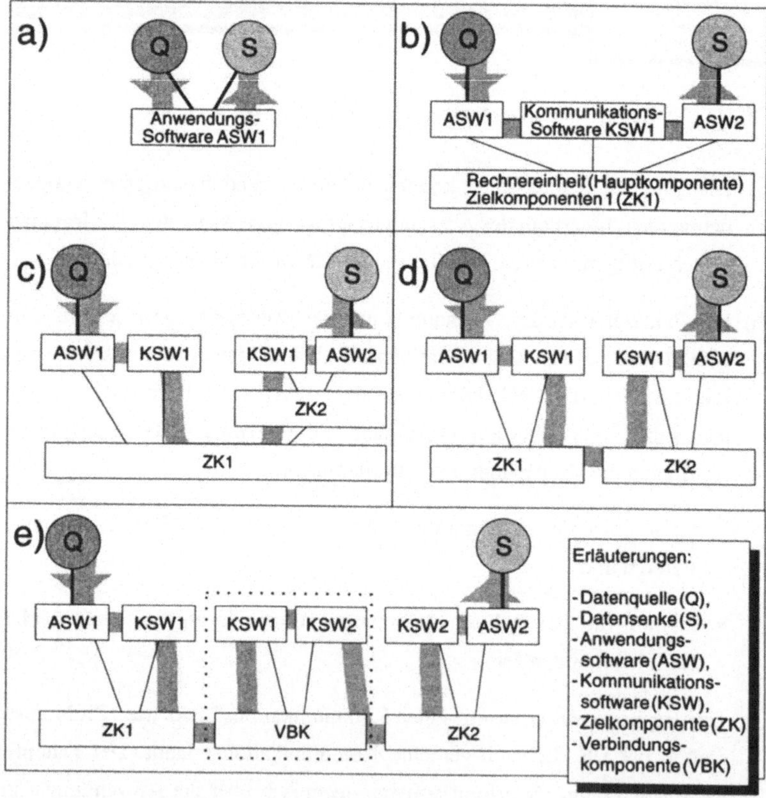


*Bild 45: Prinzipielle Möglichkeiten zur Abbildung des im Implementierungsmodell festgelegten Datenflusses auf reale EDV-Komponenten*

d) Diese Konstellation entspricht fast der aus c). Der Unterschied besteht darin, daß es sich hierbei um zwei eigenständige Rechnereinheiten (ZK1, ZK2) handelt, die über eine externe Datenleitung miteinander verbunden sind. Daraus resultieren die Konfigurations-Anforderungen:

- beide Anwendungsprogramme müssen über dasselbe Protokoll kommunizieren und

- es muß die dazugehörige Kommunikationssoftware als Unterkomponente auf beiden Rechnern vorhanden sein.

e) In manchen Fällen kann der Datenfluß nicht direkt über ein gemeinsames Kommunikationsmedium zwischen zwei Rechnern realisiert werden, da jedes existierende Kommunikationsprotokoll nur für bestimmte Rechnertypen verfügbar ist. Um dennoch einen durchgängigen Datenfluß zwischen zwei unterschiedlichen Rechnertypen zu ermöglichen, wird ein Verbindungselement (siehe Kapitel 2) benötigt. Dieses Koppelelement verfügt über Kommunikationsprotokolle, die auf den verschiedenen Rechnern installiert sind, und stellt den Datenaustausch zwischen den beiden Kommunikationsprotokollen sicher. Diese Koppelelemente sind in der Regel fertig konfektionierte Einheiten, die als Einheit in das Konfigurationsmodell eingebracht werden können. Daraus resultieren die Konfigurations-Anforderungen:

- es muß ein geeignetes Koppelelement ermittelt werden

- jedes Anwendungsprogramm muß über dasselbe Protokoll mit dem Koppelelement kommunizieren und

- es muß die dazugehörige Kommunikationssoftware auf beiden Rechnern als Unterkomponente vorhanden sein.

Aus diesen Schilderungen läßt sich erkennen, daß für den Fall a) keine weiteren Maßnahmen ergriffen werden müssen, da man a-priori von einem programminternen Datenfluß ausgehen kann.

Um die Datenflüsse für die anderen Konstellationen zu konfigurieren, sind folgende Maßnahmen notwendig:

- Ermitteln des benötigten Kommunikationsprotokolls für beide Programme.

- Erstellen einer Alternativenliste, in der alle Komponenten, die dieses Kommunikationsprotokoll aufweisen, enthalten sind.

- Ermitteln der geeignetsten Komponente und Addieren dieser Komponente zum Konfigurationsmodell. Befinden sich die Anwendungsprogramme auf unterschiedlichen Rechnern, muß die Auswahl und Addition für beide Rechner vorgenommen werden.

Für die Umsetzung der Datenflüsse ist es unerheblich, ob die Quellen und Senken der Datenflüsse auf einer Haupt- oder einer Unterkomponente liegen. Zur Festlegung, zwischen welchen Komponenten Daten und Informationen fließen, werden die dafür geeigneten Komponenten explizit gekennzeichnet. Dazu wird in der Objektbeschreibung ein Slot für die lokale Eigenschaft 'Zielkomponente' definiert, deren Wert 'Basiseinheit' lautet.

### 6.5.7 Zusammenfassung der Konfiguration eines EDV-Systems

Die Konfiguration des EDV-Systems stellt nach der Planung der Systemlösung den zweiten Entwurfsschritt innerhalb der Planung von Informationssystemen dar. Um ein anwendungsgerechtes EDV-System zu konfigurieren, müssen die Anforderungen, die sich aus dem Implementierungsmodell sowie aus den Randbedingungen der Produktionsanlage und des Produktionsvorfelds ergeben, berücksichtigt werden. Dazu ist es notwendig, die Anforderungen zu klassifizieren und zu priorisieren. Die datentechnische Beschreibung der EDV-Objekte orientiert sich dabei an den Anforderungsarten. Die Konfiguration eines EDV-Systems gliedert sich in die Schritte 'Aufbau der Rechnereinheiten' und 'Konfiguration der Informationsflüsse'.

## 6.6 Bewertungs- und Aufbereitungsphase

Mit dem obengenannten Konzept können durch Planereingriffe mehrere Planungsalternativen erstellt werden. Das Ziel der Bewertungs- und Aufbereitungsphase ist die Ermittlung der Planungsalternative mit den größten Erfolgsaussichten und die datentechnische Aufbereitung der Planungsergebnisse für die nachfolgende Inbetriebnahmephase. Dazu sind Überprüfungskriterien erforderlich, mit deren Hilfe eine objektive Gegenüberstellung mehrerer Alternativen und eine Schwachstellenanalyse vorgenommen werden können. Zu diesen Überprüfungskriterien gehören *planungsfallspezifische* (z.B. Automatisierungsgrad), allgemeine *systemtechnische* und allgemeine *Informationssystem-spezifische* Kriterien. Bei [Scho 90] findet sich eine umfangreiche Aufstellung von Bewertungsmerkmalen, die speziell für die Bedürfnisse bei der Gestaltung von Informations- und Kommunikationssystemen erarbeitet wurden. Dabei handelt es sich u.a. um Medienbruch, Schnittstellen und Auslastung. Vollständigkeit, Konsistenz und Plausibilität sind Beispiele für systemtechnische Überprüfungskriterien. Nach der Durchführung der Gegenüberstellung werden die Prüfergebnisse dargestellt und die erfolgversprechendste Alternative ausgewählt.

Mit der Durchführung der Bewertungsphase ist die Planung von Informationssystemen prinzipiell abgeschlossen. Danach müssen die Planungsergebnisse so aufbereitet werden, daß sie in nachfolgenden Phasen ohne Qualitätsverlust auf reale EDV-Komponenten umgesetzt werden können. Aus dem Blickwinkel der Planung kann dieser Schritt durch das Ausgeben von Bestandteillisten der ausgewählten Planungsalternative und von Plänen mit der Aufbaustruktur des geplanten Informationssystems unterstützt werden. Je nach Detaillierung der Beschreibungen von EDV-Komponenten können Installationsanweisungen erstellt werden, anhand derer die Planungsergebnisse zielsicher umgesetzt werden können.

## 6.7   Zusammenfassung

Für die integrierte Planung von Informationssystemen wurde ein Konzept entwickelt, das die Wechselwirkungen zwischen einem Produktionssystem und dem darin enthaltenen Informationssystem berücksichtigt. Das vorliegende Konzept besteht aus einem methodischen Vorgehensmodell, das alle Phasen zur Planung von Informationssystemen umfaßt, und den dazu notwendigen datentechnischen Repräsentationsformen für informationstechnische Komponenten. Da sich die existierenden Methoden in aller Regel nur auf Teilgebiete der Planung von Informationssystemen konzentrieren, liegt ein Schwerpunkt bei der Entwicklung des Konzepts auf der methodischen Unterstützung sowohl der einzelnen Planungsphasen als auch der Übergänge zwischen den Phasen. Die Planung von Informationssystemen hat in der Entwurfsphase die Aufgaben sowohl die benötigten informationsverarbeitenden Funktionen festzulegen als auch die dazu geeigneten EDV-Komponenten auszusuchen und daraus ein auf die Produktionsanlage angepaßtes EDV-System zu konfigurieren. Dafür wurden geeignete Problemlösungsmethoden aus der Literatur ausgewählt und auf die vorliegende Aufgabenstellung adaptiert. Innerhalb dieser Konzeption wurde verstärkt auf die Automatisierbarkeit der Methoden geachtet, da das erarbeitete Konzept durch ein Rechnerwerkzeug unterstützt werden soll. Die Umsetzung der Methoden auf das Rechnerwerkzeug wird im nächsten Kapitel dargestellt.

# 7   Realisierung des rechnergestützten Planungshilfsmittels

## 7.1   Überblick

In diesem Kapitel wird die Realisierung des in Kapitel 6 beschriebenen Planungskonzepts zur integrierten Planung von Informationssystemen in dem rechnerunterstützten Planungshilfsmittel Plato-BIT (*Pla*nungs*too*l für den *B*ereich *I*nformations*t*echnik in Produktionssystemen) erläutert. Vor der Beschreibung des Systemaufbaus wird zunächst die beispielhafte Planungsumgebung dargestellt, in die das Planungshilfsmittel integriert wird. Im Anschluß daran werden die Datenbasen und die aufgabenorientierten Komponenten des Planungshilfsmittels vorgestellt. Abschließend werden die Entwicklungsumgebung und der programmtechnische Aufbau von Plato-BIT erläutert.

## 7.2   Modellhafte Planungsumgebung

Eine Anforderung an das erarbeitete Konzept ist seine Integrationsfähigkeit in die Planungskette zur Planung von Produktionssystemen. Um das Konzept auf ein geeignetes Rechnerwerkzeug umsetzen zu können, muß zunächst die Planungsumgebung festgelegt werden, in die das zu realisierende Planungssystem integriert werden soll. Dazu wird die modellhafte Planungsumgebung am iwb ausgewählt, die gleichzeitig auch als Testumgebung dient. Sie beinhaltet für typische Aufgabenstellungen der Grob- und Feinplanungsphase von Produktionssystemen exemplarische Rechnerhilfsmittel. Diese Planungssysteme werden von einem Projektleitsystem koordiniert und greifen konzeptionell auf eine Anlagen-Datenbasis zu (siehe Bild 46). Die Anlagen-Datenbasis ist so organisiert, daß nach der Planungsphase die Rechnerwerkzeuge der Betriebsphase, wie z.B. Leitsystem und Diagnosesystem [Kupe 91, Schö 91], diese Daten weiter nutzen können. Die Systeme der Planungsphase werden nachfolgend beschrieben.

Das rechnerunterstützte Konzept der Wirtschaftlichkeitssimulation nach [Dill 91] eignet sich dazu, in einer frühen Planungsphase eine Abschätzung treffen zu können, welche Fertigungssystemalternative langfristig unter Beachtung der zeitabhängig wechselnden Fertigungsaufgaben die größte Wirtschaftlichkeit aufweist.

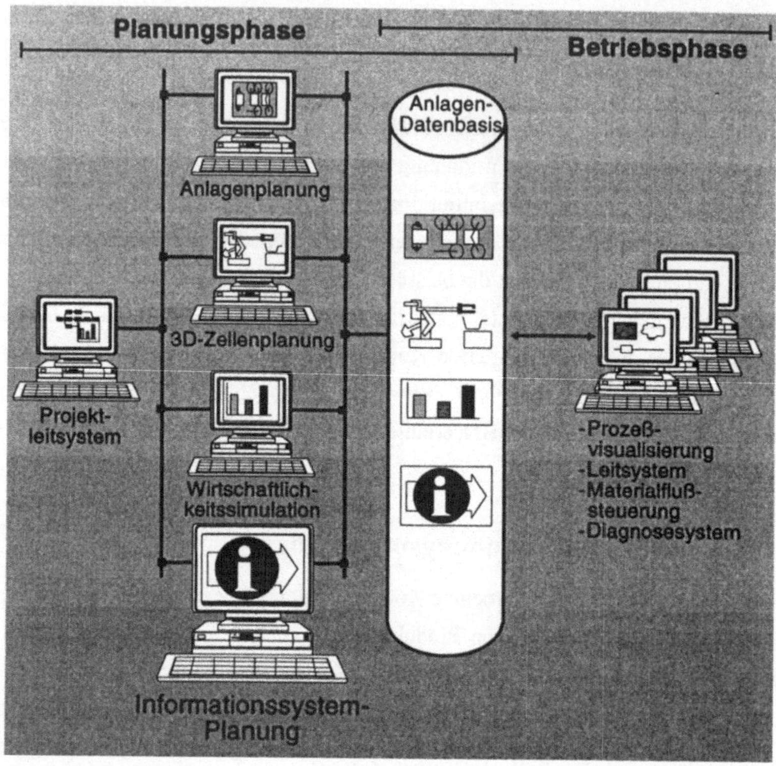


*Bild 46: Planungsumgebung des Planungssystems Plato-BIT*

Bei den anderen Planungssystemen handelt es sich um Rechnerwerkzeuge, mit denen auf Anlagen- und Zellenebene die Planung des Layouts und der Abläufe durchgeführt werden können. Dazu kommen auf Anlagenebene das CAD-System basierte Layoutplanungssystem Plato-MAP nach [Jäge 91] und das Ablaufsimulationssystem Plato-SIM nach [Hart 91] zum Einsatz. Mit Plato-MAP lassen sich aus Elementarfunktionen, wie z.B. Fördern, die produktionstechnischen Abläufe in einer Anlage beschreiben. Die ausgewählten Elementarfunktionen werden auf Betriebsmittel abgebildet, die zu Organisationseinheiten, wie z.B. Fertigungszellen, zusammengefaßt und CAD-gestützt in ein Anlagenlayout umgesetzt werden. Im anschließenden Schritt kann mit Plato-SIM das zeitliche und kapazitive Verhalten der geplanten Anlage simulativ beurteilt werden. Diese beiden Ansätze werden nachfolgend unter dem Begriff Anlagenplanung zusammengefaßt.

Nach erfolgreichem Abschluß dieser Planungen kann die exakte Planung des Layouts und der Abläufe auf Zellenebene durchgeführt werden. Hierzu werden Planungssysteme eingesetzt, die auf dem am iwb entwickelten Simulationssystem USIS aufsetzen und automatisiert die optimale Aufstellung sowie das Zusammenspiel der in einer Zelle befindlichen Betriebsmittel vorschlagen [Rait 91, Stet 94, Woen 94].

Wie in Kapitel 6 beschrieben, geht das erarbeitete Konzept zur Planung von Informationssystemen von den Eingangsdaten 'Aufgaben des Informationssystems' und 'Aufbauorganisation der Produktionsanlage' aus. Diese stehen nach der Anlagenplanung zur Verfügung. Die Informationssystemplanung kann in der gesamten Planungskette deswegen zwischen der Anlagen- und der 3D-Zellenplanung eingeordnet werden.

Um diese beschriebenen Planungswerkzeuge zu koordinieren und für die konsistente Weitergabe der relevanten Daten zwischen ihnen zu sorgen, wird das Projektleitsystem nach [Schö 93] eingesetzt. Mit Hilfe dieses Projektleitsystems kann ein Projektmanager Aufträge an die einzelnen Planungsarbeitsplätze geben. Der Planer vor Ort nimmt den Auftrag entgegen, führt ihn mit den oben genannten Werkzeugen durch, legt die Ergebnisse in der Anlagendatenbasis ab und meldet die Fertigstellung des Auftrags an das Projektleitsystem zurück. Danach kann der nächste Schritt in der Planungskette angestoßen werden.

## 7.3   Komponenten des Planungshilfsmittels

### 7.3.1   Überblick

Nach der globalen Festlegung der mit dem Planungswerkzeug kooperierenden Systeme soll nun im einzelnen die zur Umsetzung des Planungskonzepts notwendige Aufbaustruktur des Planungshilfsmittels Plato-BIT dargelegt werden. Die Bestimmung der funktionalen und datenorientierten Strukturelemente wird anhand der Beschreibung der prinzipiellen Planungsschritte für ein Informationssystem vorgenommen.

## 7.3.2    Aufbaustruktur

Wie bei der Beschreibung des Planungsumfelds zu sehen ist, beginnt die Planung eines Informationssystems durch die Übergabe eines Planungsauftrags an einen Planer. Mit Hilfe des zu realisierenden rechnerunterstützten Planungswerkzeugs Plato-BIT soll er die für die Produktionsanlage benötigten informationstechnischen Komponenten auswählen und daraus ein anwendungsgerechtes EDV-System aufbauen können.

Zu Beginn der Planung müssen die allgemeinen Vorgaben (z.B. Planungskriterien) und die Ergebnisse vorausgegangener Planungen im Hinblick auf die Erfordernisse der Informationssystem-Planung analysiert und aufbereitet werden. Dabei handelt es sich im wesentlichen um die beiden Aufgaben 'Ermitteln der Aufgaben des Informationssystems' und 'Ermitteln der relevanten Anlagedaten', die von der *Analysator*-Komponente des Planungshilfsmittels durchgeführt werden (siehe Bild 47).

Die Anwendung der Anlagedaten auf das Referenzmodell einer ausgewählten Systemlösung führt zum Aufbau des anlagenspezifischen Implementierungsmodells, das auf einer logischen Ebene alle notwendigen informationsverarbeitenden Komponenten beinhaltet, und in dem Anforderungen zur Umsetzung auf EDV-Komponenten formuliert sind. Die Bestimmung dieser Anforderungen stellt die Voraussetzung für die Durchführung des Planungslaufs dar, in dem die geeigneten EDV-Komponenten ermittelt werden. Die Abwicklung dieser Aufgaben wird innerhalb der *Prozessor*-Komponente vorgenommen. Zur Unterstützung dieser Aufgaben werden die datenbezogenen Elemente *Anforderungsagenda, Ablaufplan* inkl. der *Alternativen-Listen* erstellt und das *informationstechnische Basiswissen* zum Aufbau des *Datenmodells* verwendet. Im Datenmodell wird die Beschreibung des anlagenspezifischen EDV-Systems abgelegt.

Um die automatisch erzeugten Planungsergebnisse transparent darzustellen, wird die *Präsentator*-Komponente benötigt. Damit der Planer seine Erfahrung einbringen kann, sind Maßnahmen zur Beeinflussung des Planungsvorgangs, wie z.B.

Priorisierung von EDV-Komponenten, durchzuführen. Diese lassen sich über die *Manipulator*-Komponente vornehmen. Nach zufriedenstellender Planung eines Informationssystems ist es von Bedeutung, die Planungsergebnisse effizient weiter zu verwenden. Dazu bietet die *Installateur*-Komponente Hilfestellungen an.

Die einzelnen Komponenten werden durch die *Programmsteuerung* koordiniert, die zur Interaktion mit dem Planer über eine grafischen Oberfläche verfügt.

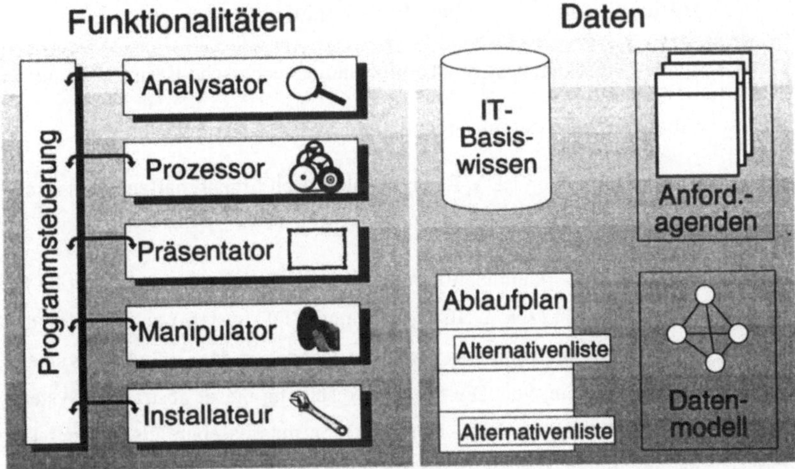


*Bild 47:  Komponenten des Planungshilfsmittels Plato-BIT*

## 7.3.3   Datenbasen

### 7.3.3.1  Überblick

Zur Durchführung der in Bild 47 dargestellten Funktionalitäten werden anwendungsneutrale und anwendungsspezifische Daten benötigt. Unter den anwendungsneutralen Daten wird das informationstechnische Basiswissen verstanden, das die Beschreibungen von Systemlösungen und EDV-Komponenten beinhaltet. Daneben werden anwendungsspezifische Daten in Form von Auftragsdaten an das Planungssystem übergeben und während eines Planungsdurchgangs erzeugt.

Die generierten Daten werden in einem Ablaufplan, Agenden, Alternativen-Listen und einem Datenmodell verwaltet. Mit Hilfe dieser Strukturierung ist die Umsetzung der Anforderungen 'Universalität' und 'Konfigurierbarkeit' möglich, da neue Ausprägungen im Bereich der Systemlösungen und der EDV-Komponenten unter Beachtung der formalen Objektbeschreibungen in der Datenbasis des informationstechnischen Basiswissens abgelegt werden können, ohne daß eine Modifikation des Planungsalgorithmus notwendig wird.

### 7.3.3.2   Informationstechnisches Basiswissen

Wie in Kapitel 6 dargelegt, besteht das informationstechnische Basiswissen aus

- Beschreibungen von Systemlösungen und

- Charakterisierungen von EDV-Komponenten nach Eigenschaften, Ressourcen und Anforderungen.

Zur Unterstützung des Planungshilfsmittels liegen Beschreibungen sowohl für gängige Systemlösungen (z.B. DNC-System und BDE-System) als auch für den Stand der Forschung entsprechende Systemlösungen, wie das am iwb entwickelte CAM-Steuerungs-System, vor. Die für die Umsetzung dieser abstrakten Systembeschreibungen notwendigen EDV-Komponenten müssen ebenfalls in einer Datenbasis zur Verfügung stehen. In Bild 48 sind beispielhafte Komponentenbeschreibungen einer Anwendungs- und Systemsoftware sowie einer Hardware dargestellt.

Anhand dieses Beispiels läßt sich erkennen, daß man jede EDV-Komponente zwar eigenständig beschreiben kann, daß aber dennoch Abhängigkeiten zwischen den einzelnen Komponenten bestehen können. So bietet die Anwendungssoftware *Leitsystem für VMS* Funktionalitäten z.B. für Planungsaufgaben. Durch eine Auswahl dieses Anwendungsprogramms resultieren Anforderungen und Bedingungen an die Ausstattung des Rechners (d.h. Hauptkomponente), auf dem das Programm betrieben werden soll.

Die Anforderungen beziehen sich im wesentlichen auf das Betriebssystem und die Speicherkapazität der Hauptkomponente. Im vorliegenden Beispiel wird als Betriebssystem *VMS* und 0.2 MB Speicherplatz für den Hauptspeicher und 5 MB für die Festplatte gefordert. Die Hauptkomponente *VAX 3100* könnte sich zur Erfüllung der Anforderungen eignen, da sie über genügend Hauptspeicher verfügt, als Betriebssystem *VMS* oder *ULTRIX* anbieten kann und einen Steckplatz für eine ausreichend dimensionierte Festplatte aufweist.

| **Leitsystem/VMS**<br>Anwend.-Software<br>Unterkomponente | **VMS**<br>Betriebssystem<br>Unterkomponente | **VAX 3100**<br>Basiseinheit<br>Hauptkomponente |
|---|---|---|
| **Eigenschaften**<br>.... | **Eigenschaften**<br>Betriebssystem = VMS<br>Multitasking = ja<br>Echtzeitfähig = ja<br>.... | **Eigenschaften**<br>Zielklasse = Basiseinheit<br>Betriebssystem ?<br>.... |
| Ressourcen<br>Planung-Fkt: 1<br>Simulation-Fkt.: 1<br>Ablauf-St.-Fkt.: 1 | Ressourcen<br>.... | Ressourcen<br>Hauptspeicher: 24 MB<br>Festplattensteckplatz: 1<br>.... |
| **Bedingungen an**<br>Hauptkomponente:<br>Zielklasse == Basiseinheit<br>(F) Betriebssyst. == VMS<br>Hauptspeicher: 0.2 MB<br>Festplattenkap.: 5 MB | **Bedingungen an**<br>Hauptkomponente<br>Hauptspeicher: 4 MB<br>Festplattenkap.: 40 MB | **Bedingungen**<br>Betriebssystem == VMS<br>oder<br>Betriebssystem == ULTRIX |

*Bild 48:   Charakterisierung von Software- und Hardware-Komponenten nach Eigenschaften, Ressourcen und Anforderungen.*

Die Eingabe des informationstechnischen Basiswissens kann über dafür konzipierte, z.T. grafisch-orientierte Programme zum Wissenserwerb geschehen [Ochs 88, Birk 93]. Da der Schwerpunkt dieser Arbeit auf der Konzeption einer aufgabengerechten Planungsdurchführung (d.h. Repräsentation und Verarbeitung von Wissen) liegt, werden für diese Aufgaben Systemeditoren verwendet.

### 7.3.3.3  Auftragsdaten

Liegen ausreichende Daten aus der Anlagenplanungsphase vor, kann mit der Planung des Informationssystems begonnen werden. Dazu wird ein Planungsauftrag von dem Projektleitsystem erstellt und an das Werkzeug zur Planung von Informationssystemen übermittelt. Mit Hilfe der dabei übergebenen Auftragsdaten wird der Planer über seine nächste Aufgabe detailliert informiert. Ein Auftrag für die Informationssystem-Planung setzt sich im wesentlichen aus den folgenden Bestandteilen zusammen:

- Beschreibung der Produktionsanlage

- Beschreibung der informationstechnischen Schnittstelle zum Produktionsvorfeld

- Planungskriterien

Neben der Beschreibung der Anlagendaten des beispielhaften Produktionssystems und der Beschreibung des Schnittstellenrechners zum Produktionsvorfeld können zur Vervollständigung des Planungsauftrags noch Planungskriterien (z.B. *hohe Automatisierung* und *hohe Flexibilität*) an das Planungshilfsmittel übergeben werden.

### 7.3.3.4 Anlagedaten

Die Anlagedaten sind im direkten Sinne keine Daten innerhalb des Konzepts zur Planung von Informationssystemen. Sie sind aber eine Grundvoraussetzung für die integrierte Betrachtung der Informationssystem-Planung und sollen daher anhand ihrer wesentlichen Datenbereiche skizziert werden.

Die dafür wichtigen Datengruppen sind

- Anlagenlayout,

- Beschreibung der Aufbauorganisation und

- Beschreibung der Ablauforganisation.

In Bild 49 sind die Aufbau- und Ablauforganisation eines beispielhaften Flexiblen Fertigungssystems (BSP-FFS) ausschnittsweise dargestellt. Bei dem vorliegendem Konzept wird vor allem die Aufbaustruktur eines Produktionssystems betrachtet. Daher sind in Bild 49 nur die Merkmale, die sich auf die Aufbauorganisation beziehen, detailliert. Die Datenstrukturierung wurde von dem in der Planungsumgebung integrierten Anlagenplanungssystems nach [Jäge 91] übernommen. Anhand von Bild 49 läßt sich erkennen, daß sich die Strukturierung der Produktionsanlage in der Beschreibung von Organisationseinheiten widerspiegelt. Jede Einheit wird durch ihren Namen und ihren Identifizierer bestimmt. Weitere Merkmale sind die Angaben bzgl. Typ (System oder Komponente), Variante (Anlage, Zelle, Funktionsträger) und die Angaben über Anzahl und Namen der Komponenten, die zu dieser Einheit zusammengefaßt sind. Diese Daten charakterisieren ein Produktionssystem in einem für die Planung von Informationssystemen ausreichendem Maße.

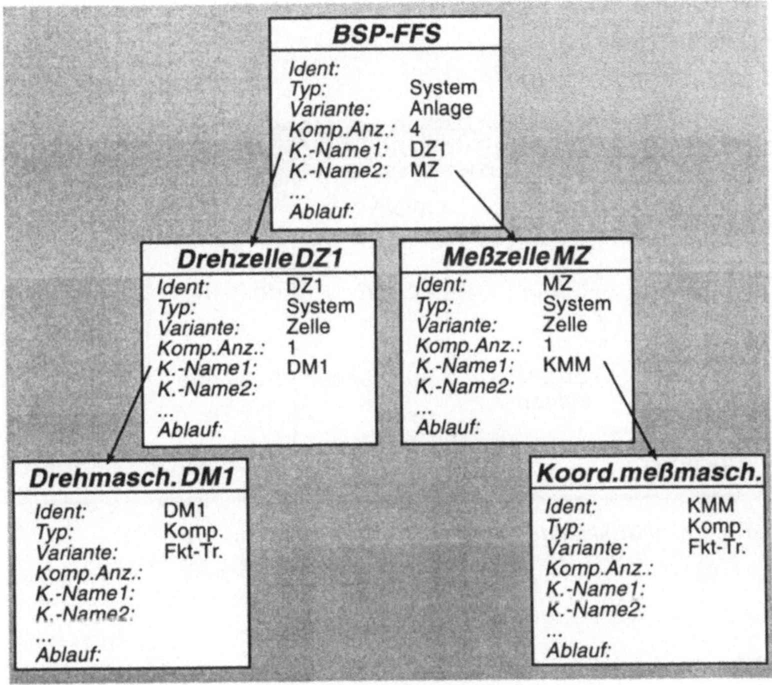


*Bild 49:  Beschreibung einer Produktionsanlage mit Schwerpunkt*
*          'Aufbaustruktur'*

## 7.3.4   Programmsteuerung

Zur Verarbeitung der beschriebenen Daten werden nach Aufgaben orientierte Funktionen benötigt. Der modulare Aufbau in Funktionsbereichen erfordert eine koordinierende Instanz, die in dem vorliegenden Konzept als Programmsteuerung realisiert wurde. Im einzelnen sind die Aufgaben der Programmsteuerung, den Planungsauftrag entgegenzunehmen, fertigzumelden und dem Planer anzuzeigen sowie die zur Durchführung der Planungen benötigten Komponenten von Plato-BIT zu koordinieren.

Die Programmsteuerung verfügt zur Interaktion mit dem Planer über eine grafische Bedieneroberfläche, deren Menüstruktur in Bild 50 abgebildet ist. Über diese Bedieneroberfläche lassen sich alle im Planungswerkzeug realisierten Funktionen steuern.

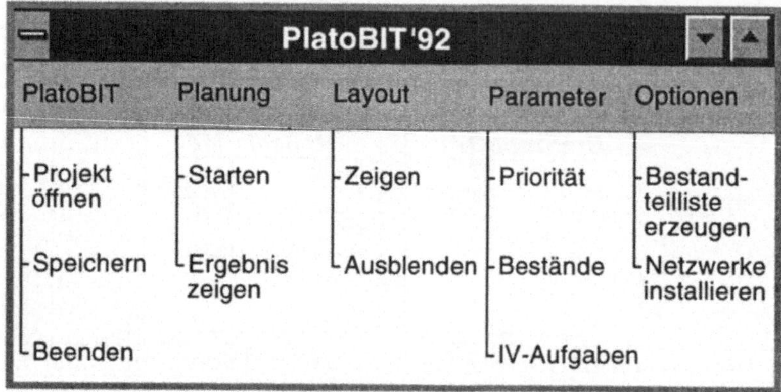


*Bild 50:  Menüstruktur der Benutzeroberfläche von Plato-BIT*

## 7.3.5    Analysator

Ein Ziel der integrierten Planung ist der Aufbau und die Gestaltung der am Gesamtoptimum ausgerichteten Teilsysteme einer Produktionsanlage. Dazu müssen allgemeine Planungsvorgaben, wie z.B. das Planungskriterium 'hoher Automatisierungsgrad', und in vorausgegangenen Planungsphasen erzeugte Ergebnisse erfaßt und anschließend für die Aufgabenstellung 'Planung eines Informationssystems' aufbereitet werden. Da in der Planungsumgebung am iwb kein Rechnerwerkzeug zur Planung der informationsverarbeitenden Abläufe vorhanden ist und der Schwerpunkt des vorliegenden Konzepts auf der Planung der Aufbaustruktur eines Informationssystems liegt, müssen die benötigten Aufgaben manuell durch den Planer eingegeben werden (siehe Bild 50). Anhand der geforderten Aufgaben des Informationssystems kann das Referenzmodell einer geeigneten Systemlösung, die diese Aufgaben als informationsverarbeitende Funktionen anbietet, aus der informationstechnischen Datenbasis ausgewählt werden (siehe Bild 51). Für die Grundfunktionalität des Systems Plato-BIT können die in Bild 51 dargestellten informationsverarbeitenden Funktionen eingegeben werden. Werden nur einzelne Funktionen gefordert, werden entsprechend der gezeigten Zuordnung die Referenzmodelle der Systemlösung 'Leitstand', 'BDE-System' oder 'DNC-System' ausgewählt. Werden zwei oder alle drei Funktionen benötigt, wird das umfangreiche CAM-Steuerungs-System bestimmt. Aufgrund der realisierten Trennung zwischen Programm und Nutzdaten können weitere informationsverarbeitende Funktionen und Systemlösungen in diese Zuordnungsliste eingetragen werden.

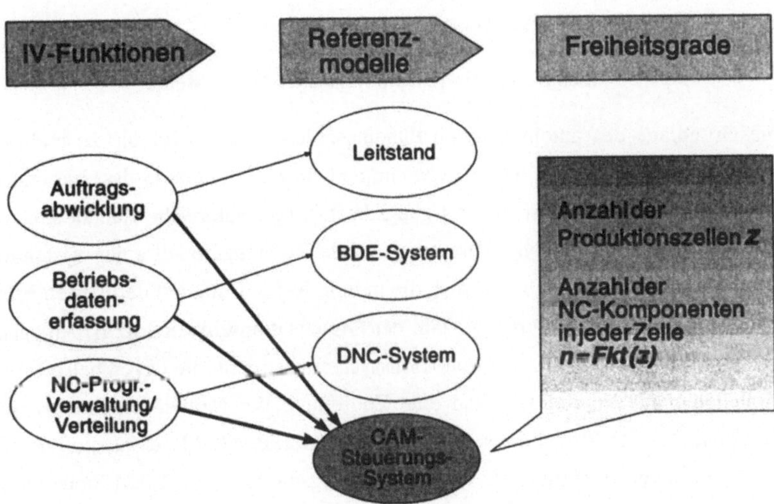


*Bild 51:  Analyse der geforderten informationsverarbeitenden Funktionen und Bestimmung eines geeigneten Referenzmodells durch das Prinzip 'Zuordnung'*

Wie in Kapitel 2 beschrieben, beinhalten Systemlösungen Referenzmodelle, die in puncto Komponentenanzahl Freiheitsgrade aufweisen (siehe Bild 51). So besitzt z.B. das Referenzmodell des CAM-Steuerungs-Systems Freiheitsgrade bzgl. der Anzahl der Zellen in einer Produktionsanlage und bzgl. der Anzahl der NC-

Komponenten in den Zellen. Erst durch die Anwendung eines Referenzmodells auf eine konkrete, zu planende Produktionsanlage können diese variablen Größen bestimmt werden. Dazu muß das Datenmodell der zu realisierenden Anlage hinsichtlich seiner Aufbauorganisation analysiert werden.

### 7.3.6    Prozessor

Nach der Ermittlung der zur Planung eines Informationssystems notwendigen Voraussetzungen kann mit Hilfe der 'Prozessor'-Komponente automatisiert ein Planungsvorschlag generiert werden. Innerhalb des automatischen Planungslaufs werden die drei folgenden Stufen durchlaufen:

- Anpassen einer Systemlösung

- Ermittlung der Anforderungen an geeignete EDV-Komponenten

- Aufbau eines Konfigurationsmodells des EDV-Systems

Die Grundlage des automatisierten Planungsablaufs ist das für die zu realisierende Produktionsanlage spezifische Implementierungsmodell, das im ersten Schritt durch die Synthese der Ausgangsdaten (organisatorische Randbedingungen und das in der Analysephase ausgewählte Referenzmodell einer Systemlösung) aufgebaut wird. Dabei werden die in dem Referenzmodell definierten Freiheitsgrade durch die konkrete Anzahl der Organisationseinheiten (z.B. Anlagen, Zellen, Maschinen) in einem Produktionssystem bestimmt, die davon betroffenen Modellelemente vervielfacht und eine Zuordnung der Modellelemente zu den Komponenten der Produktionsanlage (Fertigungszelle, NC-Maschine etc.) hergestellt. Das daraus resultierende Implementierungsmodell eines CAM-Steuerungs-Systems ist beispielhaft in Bild 52 dargestellt. Dabei ist zu erkennen, daß sich die Anzahl der benötigten Zellenrechner (DZ1, DZ2, MZ, MZR) an der Zahl der Fertigungszellen (DM1, DM2, KMM, FTS) orientiert. Die Anzahl der Leitsysteme ist durch die Festlegung im Referenzmodell konstant und hat den Wert 1.

Da es sich bei dem Implementierungsmodell um die Beschreibung der zu erfüllenden Aufgaben des Informationssystems und ihre Zuordnung auf virtuelle Komponenten handelt, müssen in einem zweiten Schritt die Anforderungen, die das Implementierungsmodell an geeignete Komponenten eines EDV-Systems stellt, abgeleitet werden (siehe Bild 52). Diese Anforderungen beziehen sich auf die Umsetzung der einzelnen Elemente und der Datenflüsse des Implementierungsmodells. Die Reihenfolge, in der die Anforderungen in die Agenda eingetragen werden, richtet sich nach den prioritätsorientierten Kriterien aus Kapitel 6.

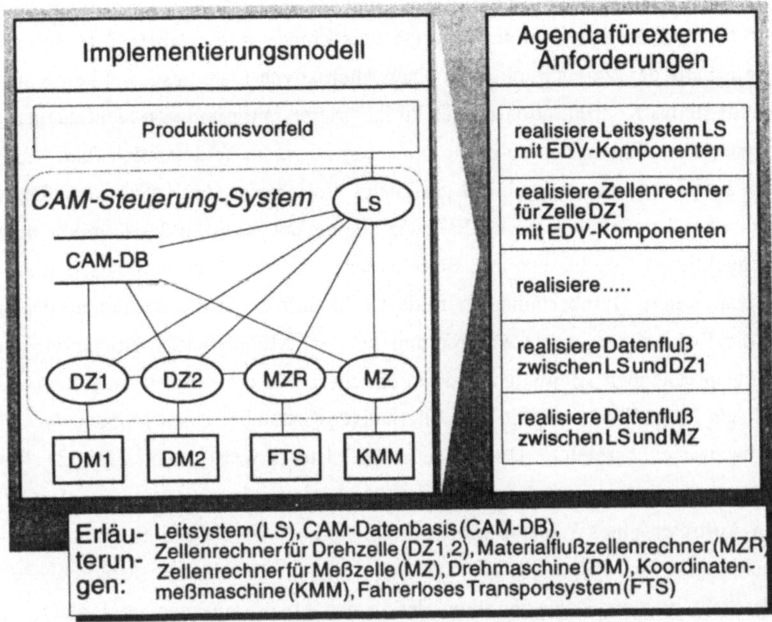


*Bild 52:   Ermitteln der sich aus dem Implementierungsmodell ergebenden externen Anforderungen und Anlegen der dazugehörigen Agenda*

Mit dem Erstellen des Implementierungsmodells und der Ableitung der Anforderungen sind alle Voraussetzungen für die Planung des EDV-Systems gegeben. Für die Durchführung des Planungslaufs werden die folgenden datenorientierten Konzeptelemente benötigt:

- Anforderungs-Agenden

- Ablaufplan einschließlich der Alternativen-Listen zum Abspeichern der Alternativen für die Befriedigung einer Anforderung

- Datenmodell des konfigurierten EDV-Systems

Der Algorithmus für die Konfiguration des EDV-Systems ist bei der Realisierung der Prozessor-Komponente in einer Ablaufsteuerung implementiert. Die Ablaufsteuerung berücksichtigt die in Kapitel 6 ermittelten Prioritäten bei der Abarbeitung der Anforderungen und bei der Sortierung möglicher Komponenten in den Alternativen-Listen. Da eine Komponente, die an erster Stelle einer Alternativen-Liste steht, nicht zwingend die optimale Wahl für ein zu lösendes Planungsproblem ist, muß die Auswahl der Komponenten immer in reversiblen Schritten erfolgen. Falls der Versuch, eine aus einer Alternativen-Liste ausgewählten Komponente in das Konfigurationsmodell zu integrieren, aufgrund von nicht zueinander passenden Eigenschaften und Ressourcen zu einem Widerspruch führt, muß diese Konfliktsituation durch ein geeignetes Verfahren aufgelöst werden. Dazu werden bei der vorliegenden Realisierung alle bei der Auswahl der Komponenten durchgeführten Operationen und Entscheidungen in einem chronologischen Ablaufplan notiert. Darüber hinaus wird dieser Ablaufplan an den Stellen, an denen für die Befriedigung einer Anforderung mehrere Möglichkeiten existieren, um die entsprechenden Alternativen-Listen erweitert. Für ein rasches Auffinden der nächsten Möglichkeit verfügt jede Alternativen-Liste über einen Merker, der auf die nächste unbearbeitete Alternative in der Liste verweist (siehe Bild 53). Mit dieser Kombination aus Ablaufprotokoll und Alternativen-Listen können nach dem Auftreten eines Widerspruchs alle Operationen bis zu der geeigneten Entscheidungsstelle rückgängig gemacht und von dort aus weitere Möglichkeiten untersucht werden. Dazu annulliert der in der Ablaufsteuerung implementierte Planungsalgorithmus alle durchgeführten Operationen zwischen der letzten Entscheidungsstelle (d.h. Alternativen-Listen) und der Stelle, bei der ein Widerspruch aufgetreten ist, in Richtung der letzten Entscheidungsstelle. Falls es an diesem Entscheidungsknoten keine weiteren Alternativen mehr gibt, geht der Planungsalgorithmus im Entscheidungsbaum so weit zurück, bis er auf noch nicht bearbeitete Möglichkeiten trifft oder in Ermangelung an Alternativen die Planung mit einer Fehlermeldung abbricht.

Nach diesem Prinzip versucht der Planungsalgorithmus, alle Elemente des Implementierungsmodells auf EDV-Komponenten abzubilden. Dabei können mehrere Hauptkomponenten, bei denen es sich im wesentlichen um Rechner handelt, ermittelt werden. Im Anschluß daran werden die Hauptkomponenten über geeignete Datenleitungen zu einem kompletten EDV-System verbunden.

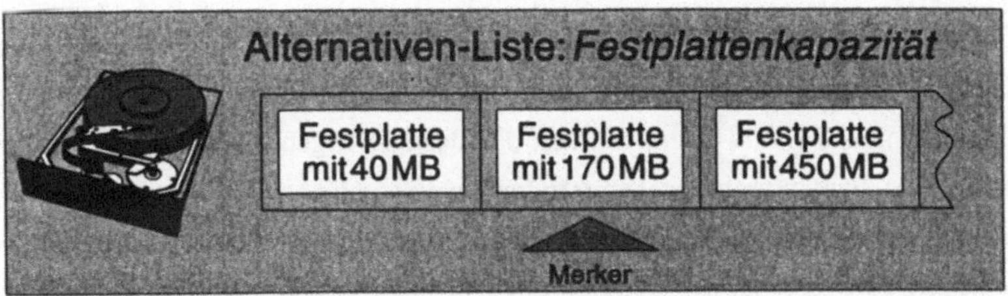


*Bild 53: Alternativen-Liste am Beispiel 'Festplattenkapazität'*

## 7.3.7   Präsentator

Das Konfigurationsmodell eines EDV-Systems nimmt in aller Regel komplexe Ausmaße an. Die Gründe hierfür liegen in den unterschiedlichen Komponentenarten (virtuelle Komponenten, EDV-Komponenten) und den Relationen zwischen den Komponenten. Um dennoch die automatisch erzeugten Planungsergebnisse transparent und nachvollziehbar darzustellen sowie den Planer auf die Inkonsistenzen und Schwierigkeiten beim Aufbau eines durchgängigen Informationsflusses aufmerksam zu machen, wurde die Präsentator-Komponente realisiert.

Als geeignete Präsentationsform des Planungsergebnisses wird die Darstellung des geplanten EDV-Systems in Gestalt ihrer Hauptkomponenten (d.h. Rechner, NC-Steuerungen etc.) und der dazu ausgewählten Netzwerk-Hardware-Komponenten, wie z.B. Datenleitungen und Netzwerkkoppelelemente, gewählt (siehe Bild 54). Mit dieser Präsentationsform lassen sich die für die zu planende Produktionsanlage benötigten Rechner auf einen Blick erkennen. Um die Umsetzung der virtuellen Komponenten auf EDV-Komponenten nachvollziehen zu können, lassen sich die hierarchisch strukturierten Komponentenbäume einer Hauptkomponente (siehe dazu auch Kapitel 8) durch Anwählen des Hauptkomponenten-Symbols über die grafische Bedieneroberfläche in einem eigenen Fenster detailliert darstellen (siehe Bild 54).

Dieses Fenster beinhaltet zwei Bereiche, in denen zum einen alle virtuellen Komponenten (Prozesse) und zum anderen alle realen EDV-Komponenten (Unterkomponenten) des betrachteten Rechners in Form von Listen veranschaulicht sind. Die realen Komponenten werden darüber hinaus entsprechend ihrer Betriebsmittelklasse (z.B. Kommunikations- oder Anwendungssoftware) dargestellt.

Um die Abbildung der Elemente aus dem Implementierungsmodell auf Soft- und Hardware aufzeigen zu können, kann der Planer die Elemente der virtuellen Komponentenliste anwählen, worauf die dazugehörigen realen Komponenten durch eine Farbänderung gekennzeichnet werden. Die detaillierte Darstellung umfaßt nur die Elemente, die hierarchisch unterhalb der betrachteten Komponente eingeordnet sind. Die Detaillierung läßt sich solange fortsetzen, bis man auf der tiefsten Ebene des Konfigurationsmodells angelangt ist. Mit diesem Vorgehen soll sichergestellt werden, daß der Planer nur mit soviel Informationen wie nötig konfrontiert wird.

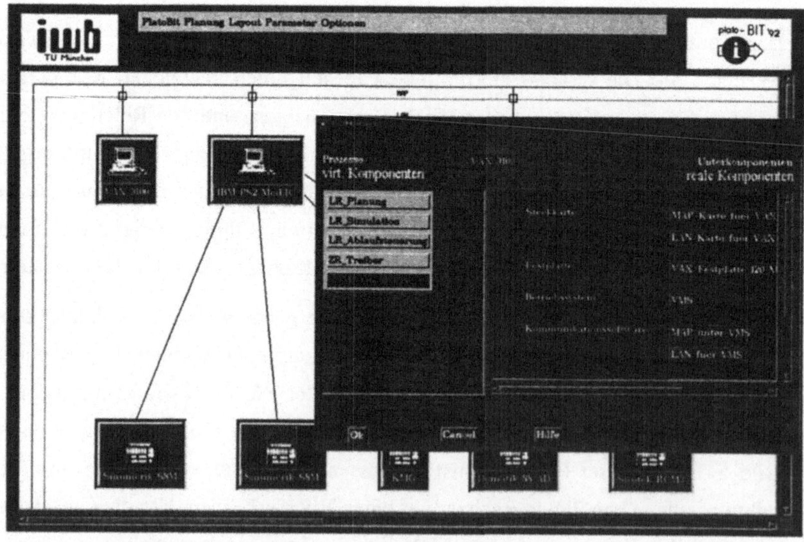

*Bild 54: Präsentation des Planungsergebnisses und detaillierte Darstellung der Komponente VAX3100 in bezug auf ihre virtuellen Komponenten (Prozesse) und ihre realen EDV-Komponenten*

Die vorliegende Realisierung beinhaltet nicht nur Werkzeuge zur Präsentation der Planungsergebnisse aus der Phase der Informationssystemplanung, sondern verfügt auch über die Möglichkeit, das in der Anlagenplanung erstellte Layout zu visualisieren (siehe Kapitel 8). So kann sich der Planer des Informationssystems einen Überblick über das zu planende Produktionssystem verschaffen.

## 7.3.8   Manipulator

Das realisierte Planungswerkzeug ist zwar in der Lage, nach Erhalt des Planungsauftrags automatisch einen Planungsvorschlag für ein funktionstüchtiges EDV-
System zu generieren, es ist aber nicht im Sinne des vorliegenden Konzepts, auf
die Erfahrung eines Planers zu verzichten. Vielmehr soll dieses Planungswerkzeug den Planer von seinen Routinearbeiten entlasten, wie z.B. dem Durchsuchen
der informationstechnischen Datenbasis, um damit die Voraussetzungen für mehr
Möglichkeiten, kreativ zu arbeiten, zu schaffen.

Damit der Planer seine Erfahrung einbringen kann, muß das Planungswerkzeug
Möglichkeiten anbieten, den Planungsvorgang zu beeinflussen. Dazu wurde die
'Manipulator'-Komponente realisiert, mit deren Hilfe der Planer die Komponenten sowohl bezüglich ihrer Auswahlpriorität gewichten als auch in ihrer Anzahl
beschränken kann. Um diese Eingriffe vornehmen zu können, stehen dem Planer
alle Komponenten in Form von Listen zur Verfügung, bei denen die Gewichtung
und die Anzahlbegrenzung über grafisch dargestellte Schiebe-Regler eingestellt
werden (siehe Bild 55).

## 7.3.9   Installateur

Mit den bisher beschriebenen Komponenten des Planungswerkzeugs kann ein auf
eine Produktionsanlage abgestimmtes Informationssystem geplant werden. Wie
in Kapitel 3 gesehen, handelt es sich bei der Planung von Produktionssystemen in
der Regel um ein iteratives Vorgehen. Dabei werden die daran beteiligten Bereiche solange durchlaufen, bis ein den Planungskriterien genügendes Ergebnis erzielt werden kann.

Das bedeutet für das Rechnerhilfsmittel zur Planung von Informationssystemen,
daß es die generierten Planungsergebnisse anderen Planungssystemen (z.B. zur
Anlagenplanung) zugänglich machen muß und nach Abschluß der gesamten Planungsphase diese Ergebnisse für andere Bereiche (z.B. Einkauf, Inbetriebnahme)
effizient aufbereitet. Diese Aufgaben werden von der 'Installateur'-Komponente
übernommen.

Dazu legt die 'Installateur'-Komponente nach jeder Planungsphase die erzeugten
Daten in einer für das Anlagen-Planungswerkzeug Plato-MAP verständlichen
Form ab. Damit kann dieses Planungswerkzeug bei der nächsten Anlagenpla-

nungsphase auf diese Daten zugreifen und sie bei einer Layoutoptimierung mit berücksichtigen.

Nach Abschluß der Planungsphase müssen die erzielten Ergebnisse, die zu diesem Zeitpunkt als Datenmodell eines Rechnersystems vorliegen, in Hard- und Software umgesetzt werden. Mit der 'Installateur'-Komponente können aus diesem Datenmodell Bestandteillisten aller im EDV-System befindlichen Komponenten erstellt werden. Damit lassen sich z.B. die Kosten für die benötigte Informationstechnik abschätzen.

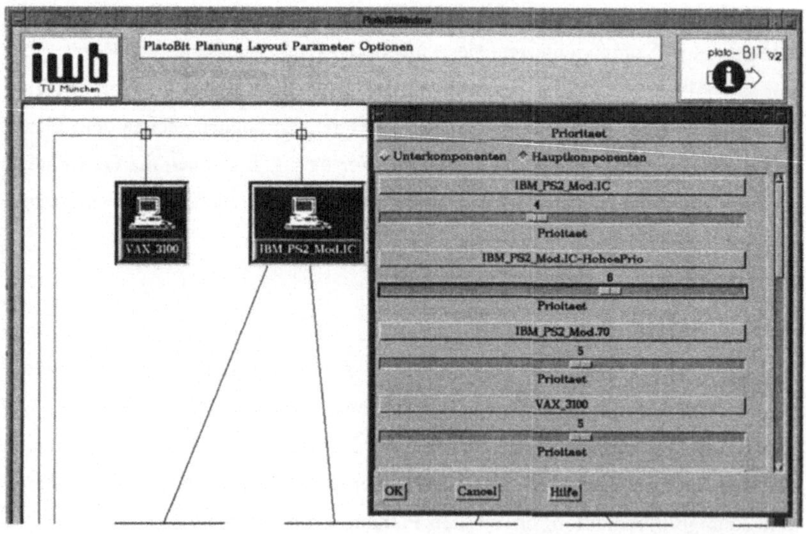


*Bild 55:  Verändern der Auswahlprioritäten unterschiedlicher Rechnertypen*

# 7.4　Programmtechnische Realisierung

## 7.4.1　Entwicklungsumgebung

Damit das Planungswerkzeug Plato-BIT auf möglichst vielen unterschiedlichen Rechnersystemen eingesetzt werden kann, war bei der Konzeption des Programms die Hardware- und Betriebssystem-unabhängige Entwicklung der Programmteile eine Grundforderung. Für den Aufbau des Programms eignen sich Expertensystem-Shells, da sie regelbasierte Schlußfolgerungsmechanismen und Werkzeuge zur Datenmodellierung beinhalten. Da die am Markt erhältlichen Expertensystem-Shells allerdings nur für eine begrenzte Anzahl von Entwicklungsplattformen verfügbar sind, wurde das Planungswerkzeug mit der objektorientierten Programmiersprache C++ und dem Grafik-Standard Motif entwickelt. Das Planungssystem Plato-BIT wurde auf einer Workstation der Fa. Hewlett-Packard (Serie 700) mit dem Betriebssystem UNIX und unter Verwendung der Programmierentwicklungsumgebung HP-Softbench realisiert. Die Datenhaltung geschieht in Dateien.

## 7.4.2   Programmaufbau

Bei der programmtechnischen Realisierung von Plato-BIT wurde versucht, die Vorteile der objekt-orientierten Betrachtung möglichst in voller Breite zu nützen. Dazu wurde in der Analyse- und Design-Phase die OOA-Methode (objekt-orientierte Analyse) nach [CoYo 91] verwendet, die auf die objekt-orientierte Programmierung abgestimmt ist. Bei der Programmierung wurde der Ansatz von [Cox 86] angewendet, der den Aufbau von sogenannten Software-ICs vorsieht. Damit ist in Analogie zu den Halbleiterschaltungen der Aufbau von Software-Bausteinen möglich, die ein bestimmtes Funktionsspektrum anbieten und zu einem Gesamtsystem zusammengesteckt werden können. Innerhalb des Planungswerkzeugs Plato-BIT wurden z.B. das Handling der Anlagenlayoutdaten, die Präsentation der informationsverarbeitenden Komponenten und die komfortable Verwaltung von komplexen Listen in Software-ICs abgebildet.

## 7.5   Zusammenfassung

Das entwickelte Rechnerwerkzeug Plato-BIT verfügt über alle Funktionalitäten, die prinzipiell zu einer integrierten Planung von Informationssystemen notwendig sind. Die benötigten Funktionalitäten des Planungssystems sind in aufgabenorientierten Komponenten realisiert, die einen Planer von Informationssystemen bei seiner Arbeit unterstützen können. Die Interaktion zwischen dem Planer und dem

Planungssystem erfolgt über eine menügeführte, grafisch-orientierte Bediener-oberfläche, von der aus alle Komponenten des Systems koordiniert werden können. Der Aufgabenbereich der Komponenten erstreckt sich von der Erfassung und Analyse vorausgegangener Planungen über die automatisierte Generierung eines Planungsvorschlags bis zur anwendungsgerechten Darstellung, Manipulation und Weitergabe der Planungsergebnisse.

Mit diesem prototypischen Planungshilfsmittel kann für eine Produktionsanlage ein funktionstüchtiges Informationssystem geplant werden, das unter Berücksichtigung der in Kapitel 4 geforderten Prämissen:

- durchgängiger Informationsfluß

- minimale Komponentenanzahl

- möglichst homogene Komponentenauswahl

aufgebaut wird. Den Schwerpunkt bei der Realisierung dieses Planungswerkzeugs bildet die programmtechnische Umsetzung der für den automatisierten Planungsablauf notwendigen Funktionalitäten.

Um das Konzept zur Planung von Informationssystemen und das dazu realisierte Rechnerwerkzeug einer eingehenden Bewertung unterziehen zu können, ist die Anwendung auf ein Planungsbeispiel erforderlich.

# 8 Anwendung und Bewertung des Planungswerkzeugs

## 8.1 Überblick

In Kapitel 7 wurden der Aufbau und die einzelnen Komponenten von Plato-BIT erläutert. Wie diese Komponenten zusammenwirken und in welchem Maße das Planungswerkzeug die gestellten Anforderungen erfüllt, soll in einem Anwendungsbeispiel gezeigt werden. Nach Klärung der Ausgangssituation und der Planungsaufgabe werden die wesentlichen Punkte der Anwendungssitzung dargestellt. Innerhalb des Planungsbeispiels soll der Planungsgegenstand ein Flexibles Fertigungssystem sein, da aufgrund des hierbei hohen Automatisierungsgrades viele unterschiedliche, informationstechnische Komponenten erforderlich sind.

Anhand der aus diesem Anwendungsbeispiel gewonnenen Erkenntnisse erfolgt eine Bewertung des in der Arbeit aufgestellten Planungskonzepts einschließlich des Planungssystems. Die Bewertungsgrundlagen sind die in Kapitel 4 formulierten Anforderungen.

## 8.2 Ausgangssituation und Planungsaufgabe

In einer Fertigungsanlage sollen unterschiedliche Varianten einer Axialkolbenpumpe gefertigt werden. Die in der Anlage zu fertigenden Teile sind Deckel und Gehäuse der Pumpe. Weitere Anforderungen sind die Bearbeitung kleiner Losgrößen und stichprobenartige Qualitätsmessungen. In der Anlagenplanung wird diese Aufgabenstellung auf ein flexibel automatisiertes Fertigungssystem umgesetzt (siehe Bild 56). Das geplante FFS besteht aus einer NC-Koordinatenmeßmaschine (KMM), zwei NC-Drehmaschinen (DM1, DM2), einem fahrerlosen Transportsystem (FTS) und einem mobilen Roboter (MobRob). Die Maschinen sind mit den im Bild 56 bezeichneten NC-Steuerungen (z.B. Sinumerik 8M) ausgerüstet. Auf der Drehmaschine DM1 werden alle Varianten des Pumpendeckels gefertigt. Die Gehäusevarianten werden auf der anderen Drehmaschine bearbeitet. Die Qualität der Werkstücke wird auf der Meßmaschine überwacht. Der Transport und die Handhabung der Teile geschieht mit dem FTS und dem mobilen Roboter. Die Anlage wird in Zellen organisiert, wobei jede Zelle eine der obengenannten Maschinen und die dazugehörige Peripherie (z.B. Überwachungssysteme) beinhaltet. Zur Vereinfachung bleibt die Peripherie unberücksichtigt.

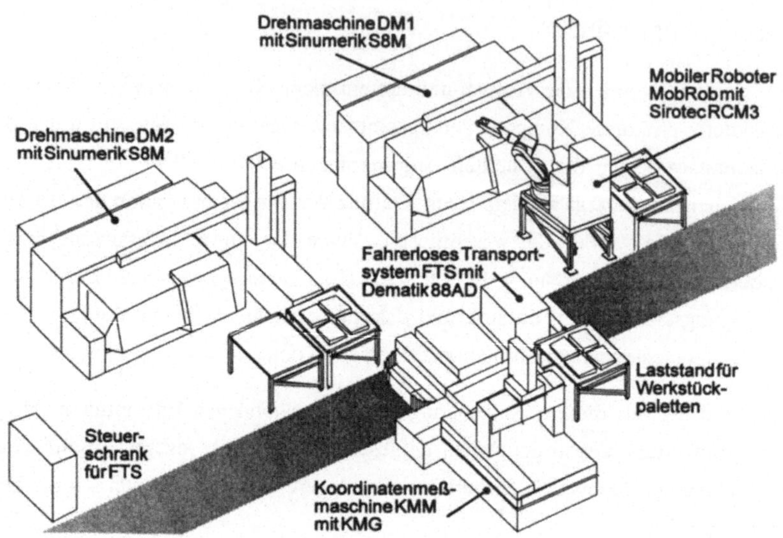


*Bild 56: Layout des beispielhaften Flexiblen Fertigungssystems*

Nachdem die Planung des in Bild 56 gezeigten Layouts abgeschlossen ist, erfolgt eine Rückmeldung des Anlagenplanungssystems an das Projektleitsystem. Aufgrund der in Kapitel 7 festgelegten Reihenfolge, in der die einzelnen Systeme der modellhaften Planungsumgebung am iwb aktiviert werden, erhält als nächstes das Planungswerkzeug Plato-BIT einen Planungsauftrag (siehe Bild 57). Die zu dem Auftrag benötigten Daten sind in der Anlage-Datenbasis abgelegt, auf die alle Planungssysteme zugreifen können.

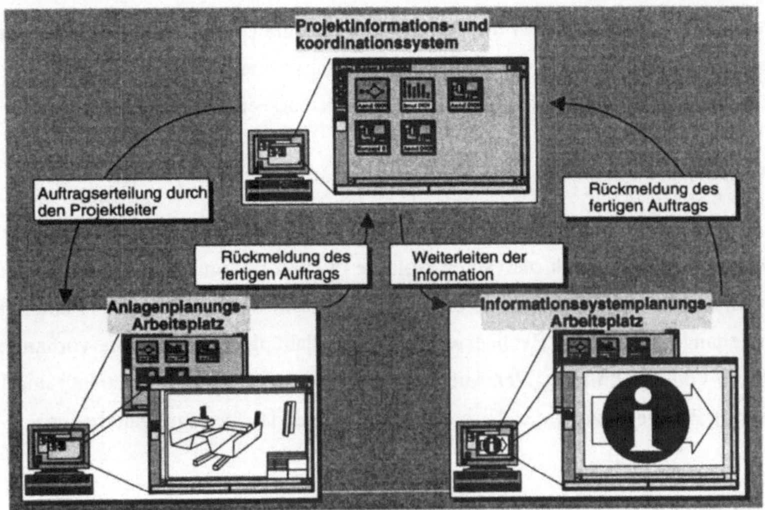


*Bild 57: Koordination der Planungsaufträge durch das Projektleitsystem nach [Schö 93]*

# 8.3 Anwendersitzung zur Planung von Informationssystemen

Mit den bisher dargestellten Planungsschritten wurden alle notwendigen Voraussetzungen zur Planung von Informationssystemen geschaffen. In einer Anwendersitzung mit dem Planungssystem Plato-BIT werden diese Eingangsinformationen genutzt, um für die zu planende Fertigungsanlage ein passendes Informationssystem aufzubauen. Nachfolgend werden alle wesentlichen Stationen innerhalb der Anwendersitzung beschrieben. Dabei handelt es sich sowohl um Interaktionen des Planers mit dem Planungssystem Plato-BIT als auch um automatisch durchgeführte Planungsschritte.

## Projekteröffnung

Der Planer nimmt den Auftrag entgegen und legt dafür ein neues Projekt an. Dazu gibt er den durch das Projektleitsystem übermittelten Namen der Anlage in das Planungssystem ein. Über den Anlagennamen kann der Planer dann auf die bisher erzielten Ergebnisse, die für die Planung des Informationssystems von Bedeutung sind, zugreifen. So kann der Planer beispielsweise über die Präsentator-Komponente das Anlagenlayout in einer 2D-Ansicht visualisieren (siehe Bild 58).

**Ermittlung der Aufgaben des zu planenden Informationssystems**

Das in Kapitel 6 erarbeitete Konzept sieht vor, daß aus der Beschreibung der für die Informationstechnik relevanten Abläufe in einer Fertigungsanlage die Aufgaben des Informationssystems automatisiert bestimmt werden. Da in der Planungsumgebung am iwb kein Rechnerwerkzeug zur Planung dieser Abläufe vorhanden ist, wird die Bestimmung der Aufgaben des Informationssystems manuell durchgeführt. Zur Festlegung der Aufgaben sollen folgende Überlegungen dienen.

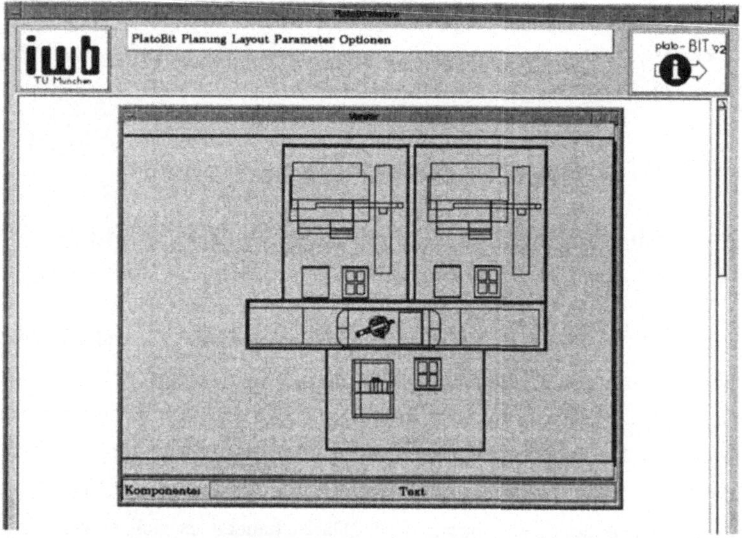


*Bild 58: Visualisieren des Anlagenlayouts*

Wie in Kapitel 2 beschrieben, sind die informationstechnik-bezogenen Kennzeichen flexibel automatisierter Fertigungssysteme die rechnerunterstützte Auftragseinplanung und -durchsetzung auf Leitebene und Zellenebene. Voraussetzungen dafür sind:

- die Automatisierung der NC-Programm-Verwaltung und -Verteilung

- die Automatisierung von Betriebsdatenerfassung

- der durchgängig rechnerunterstützte Informationsfluß vom Produktionsvorfeld bis hin zu den NC-Maschinen.

Diese Anforderungen sind bei der Planung des Informationssystems zu berücksichtigen und umzusetzen. Über die Bedieneroberfläche kann der Planer die Aufgaben 'Auftragsabwicklung', 'Betriebsdatenerfassung' und 'NC-Programm-Verwaltung und -Verteilung' dem System eingeben.

**Analyse der Anlagedaten**

Neben der Ermittlung der Aufgaben des Informationssystems gehört zu den vorbereitenden Tätigkeiten der Planung noch die Analyse des Anlagenmodells. Die Analysearbeiten erfolgen automatisiert und werden durch das System im Anschluß an die Eingabe der Informationssystemaufgaben durchgeführt. Im Hinblick auf die Anpassung des Referenzmodells und auf die Auswahl geeigneter EDV-Komponenten wird das Anlagenmodell auf organisatorische und technische Randbedingungen für das Informationssystems untersucht. Für das vorliegende Beispiel lassen sich die folgenden Ergebnisse ermitteln:

*organisatorische Randbedingungen*

- Anlage besteht aus 4 Zellen (Drehzelle 1, Drehzelle 2, Meß- und Materialflußzelle)

- Drehzelle 1 besteht aus 1 Komponente (Drehmaschine DM1)

- Drehzelle 2 besteht aus 1 Komponente (Drehmaschine DM2)

- Meßzelle besteht aus 1 Komponente (Koordinatenmeßmaschine KMM)

- Materialflußzelle besteht aus 2 Komponenten (Fahrerloses Transportsystem FTS und Mobiler Roboter MobRob)

*technische Randbedingungen*

- Drehmaschine (DM1/DM2) wird gesteuert durch Sinumerik S8M

- Koordinatenmeßmaschine KMM wird gesteuert durch KMG

- Fahrerloses Transportsystem FTS wird gesteuert durch Dematik 88AD

- Mobiler Roboter MobRob wird gesteuert durch Sirotec RCM3

Die technischen Daten der NC-Steuerungen sind in der Informationstechnik-Datenbasis abgelegt und können somit in die Planung miteinfließen.

Nach Abschluß der Analysephase liegen alle Daten vor, die zur Auswahl und Anpassung der Systemlösung sowie zur Konfiguration des EDV-Systems benötigt werden. Über die Bedieneroberfläche kann der Planer diese Planungsschritte starten. Das System durchläuft diese Planungsschritte automatisch und schlägt am Ende dieser Phase dem Planer ein Konfigurationsmodell eines geeigneten EDV-Systems vor. Diese Planungsschritte werden nachfolgend erläutert.

**Auswahl und Anpassung der Systemlösung**

Unter Berücksichtigung der in Kapitel 7 festgelegten Zuordnungsvorschrift kann nun anhand der eingegebenen Aufgaben des Informationssystems die geeignete Systemlösung bestimmt werden. Im vorliegenden Beispiel wählt das Planungssystem das CAM-Steuerungs-System aus, da es die Funktionen 'automatische Auftragsabwicklung', 'Betriebsdatenerfassung' und 'NC-Programm-Verwaltung und -Verteilung' anbietet. Mit den oben ermittelten Anlagedaten wird das Referenzmodell des CAM-Steuerungs-System in das Implementierungsmodell überführt (siehe Bild 59).

Um einen durchgehenden Übergang von dem Implementierungsmodell der Systemlösung zu dem Datenmodell des EDV-Systems gewährleisten zu können, werden aus dem Implementierungsmodell die externen Anforderungen abgeleitet und in einer Agenda abgelegt (siehe Bild 59). In die Agenda werden zuerst die Anforderungen, die den Aufbau der Rechnereinheiten betreffen, und anschließend die Anforderungen an die zu realisierenden Datenflüsse eingetragen.

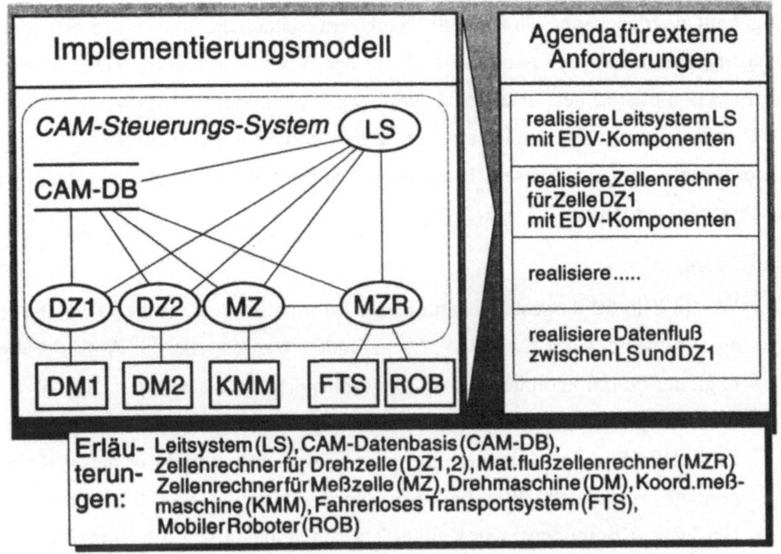


*Bild 59: Aufbau des Implementierungsmodells und Erstellen der Agenda für externe Anforderungen*

## Konfigurieren des EDV-Systems

Anhand dieser Agenda wird aus der Informationstechnik-Datenbasis für jedes Element des Implementierungsmodells eine geeignete virtuelle Komponente aus-gewählt. Wie in Kapitel 6 beschrieben, sind virtuelle Komponenten Elemente des EDV-System-Konfigurationsmodells und bezüglich ihrer Beschreibung genauso wie EDV-Komponenten aufgebaut. Dadurch können die beiden Modellarten ex-akt ineinander überführt werden. Darüber hinaus werden die virtuellen Kompo-nenten verwendet, um die technischen Randbedingungen, die sich z.B. durch die eingesetzten Maschinensteuerungen ergeben, in dem Konfigurationsablauf zu berücksichtigen. Dazu werden in die Beschreibung aller virtuellen Komponenten, die eine Maschinensteuerung repräsentieren, die technischen Daten des zugeord-neten Steuerungstyps eingetragen.

Anschließend werden die in der Agenda formulierten Anforderungen unter Be-rücksichtigung der technischen Randbedingungen auf EDV-Komponenten umge-setzt. Wie das Konfigurationsmodell eines geeigneten EDV-Systems schrittweise aufgebaut werden kann, wird nachfolgend veranschaulicht (siehe Bild 60). Der Ausgangspunkt der Konfiguration ist die in der Agenda vermerkte Anforderung, die Funktionalitäten der virtuellen Komponente Leitsystem (VK LS) mit realen EDV-Komponenten zu realisieren. Zu einer vollständigen Umsetzung dieser Anforderung werden in diesem Beispiel vier Schritte benötigt, die im folgenden beschrieben werden.

*1. Schritt:*

Wie in Bild 60 dargestellt, kann in der informationstechnischen Datenbasis eine Anwendungssoftware *SW LS* gefunden werden, die die Anforderung bzgl. der Funktionalitäten eines Leitsystems erfüllt. Die Komponente *SW LS* wird entsprechend der hierarchischen Vorgaben der anfordernden Komponente *VK LS* in das Konfigurationsmodell eingeordnet und mit dieser Komponente verbunden. Wie bei der Charakterisierung von Software- und Hardware-Komponenten in Kapitel 7 gesehen, benötigen die Komponenten noch weitere EDV-Komponenten für einen ordnungsgemäßen Betrieb. Im vorliegenden Beispiel braucht die Anwendungssoftware *SW LS* eine Hauptkomponente, die über das Betriebssystem (BS) *VMS* läuft und über eine Festplatte (FP) mit einer Mindestkapazität von 5 MB zur vollständigen Speicherung der Software *SW LS* verfügt. Diese Anforderungen werden in die Agenda eingetragen.

*2. Schritt:*

In der informationstechnischen Datenbasis wird die Hauptkomponente *HW VAX* gefunden, die unter dem Betriebssystem *VMS* betrieben werden kann und über Möglichkeiten zum Einbau einer Festplatte verfügt. Nach der Auswahl dieser Komponente wird sie entsprechend ihrer Definition als Hauptkomponente an die oberste Spitze des hierarchischen Konfigurationsmodell eingetragen und mit ihrer Komponente *SW LS* verbunden. Damit ist die Anforderung 'hole HK' erfüllt.

*3. Schritt:*

In dieser Phase wird das Betriebssystem *VMS* in Form der EDV-Komponente *SW VMS* ausgewählt und ebenfalls als Komponente der Hauptkomponente in das Modell eingeordnet. Die Anforderung 'hole BS==VMS' ist damit erfüllt. Neben anderen Anforderungen benötigt

*SW VMS* Speicherplatz auf einer Festplatte. Dieser formulierte Bedarf an der Ressource *Festplattenspeicherkapazität* wird mit der gleichartigen Anforderung der Anwendungssoftware kombiniert, wodurch insgesamt ein Mindestbedarf von 45 MB Plattenspeicher resultiert.

*4. Schritt:*

Zur Befriedigung des Bedarfs an Festplattenspeicherkapazität werden alle Komponenten der informationstechnischen Datenbasis nach dieser Ressource durchsucht und in einer Alternativen-Liste eingetragen (siehe auch Kapitel 7). Für das vorliegende Beispiel eignet sich die Festplatte mit einer Kapazität von 170 MB zur Speicherung der Anwendungs- und Betriebssystem-Software. Nach Auswahl dieser Festplatte sind die ursprüngliche und alle daraus resultierenden Anforderungen erfüllt.

Falls nur Festplatten mit 40 MB zur Verfügung stehen, wählt der Planungsalgorithmus zwei dieser Festplatten unter der Maßgabe aus, daß die Hauptkomponente ausreichend Anschlußmöglichkeiten aufweisen kann.

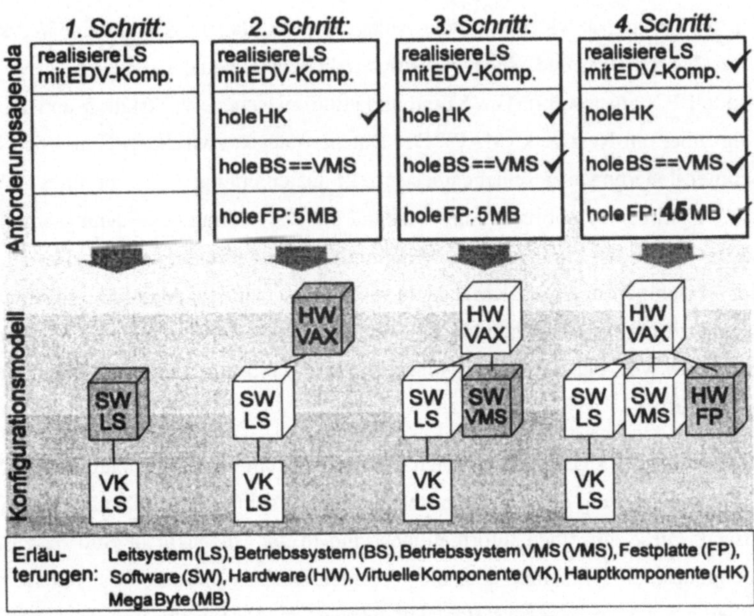


*Bild 60: Umsetzung der Anforderungen auf EDV-Komponenten*

Nach diesem Prinzip versucht der Planungsalgorithmus, alle Elemente des Implementierungsmodells auf EDV-Komponenten abzubilden. Dabei können mehrere Hauptkomponenten ermittelt werden, die im Anschluß an diese Phase über geeignete Datenleitungen verbunden werden.

Am Ende der Konfigurationsschritte zeigt das System an, ob es eine Lösung gefunden hat. Für den Fall einer erfolgreichen Planung können die Ergebnisse in grafischer Form am Bildschirm dargestellt werden.

**Planungsergebnis präsentieren**

Für das zu planende Informationssystem des Flexiblen Fertigungssystems konnte eine Lösung gefunden werden. Der Planer kann sich das Ergebnis anzeigen lassen. Das geplante EDV-System wird in Form seiner Rechnereinheiten (Workstations, PCs und NC-Steuerungen der in der Anlage vorkommenden Maschinen) sowie seiner Netzwerke einschließlich der Verbindungselemente, wie z.B. Terminalserver, dargestellt (siehe Bild 61). Im unteren Bildschirmbereich sind die Maschinensteuerungen (Sinumerik S8M bis Sirotec RCM3) dargestellt. Für die Auftragsabwicklung in der Anlage hat das Planungssystem eine Workstation (VAX 3100) und einen industrietauglichen Personal Computer (IBM PS2 Modell IC) ausgewählt. Die Kommunikation zwischen Workstation und PC erfolgt über ein Netzwerk (MAP). Der Datenaustausch zwischen PC und den Maschinensteuerungen geschieht über serielle Datenleitungen, die als direkte Verbindungslinien symbolisiert sind. Anhand der Darstellung des Planungsergebnisses ist ersichtlich, daß die direkte Kommunikation zwischen der Workstation und der Maschinensteuerung KMG nicht möglich ist. Um trotzdem einen Datenaustausch zu realisieren, schlägt das Planungssystem die Verwendung eines Terminalservers vor, der das lokale Netzwerk (LAN) mit einer seriellen Datenleitung verbindet.

Wie in Kapitel 7 gezeigt, kann sich der Planer detaillierte Informationen über die Zusammensetzung der einzelnen Rechner durch Anklicken der Symbole anzeigen lassen. Diese einzelnen Informationen sind in der Übersicht in Bild 62 zusammengefaßt, die Aufschluß über die geplanten Rechner und ihre Bestandteile gibt. Innerhalb des vorliegenden Beispiels wurden das Leitsystem und die CAM-Datenbasis des CAM-Steuerungs-Systems einer Workstation (VAX 3100) zugeordnet. Die Zellenrechner der Dreh- und Meßzellen sowie der Materialflußzellenrechner wurden mit ihren Datenbasen auf dem Personal-Computer (IBM PS2 Modell IC) eingeplant. Für die datentechnische Ansteuerung der Meßmaschine wurde ein Treiberprogramm einschließlich der erforderlichen Protokollsoftware auf der Workstation festgelegt.

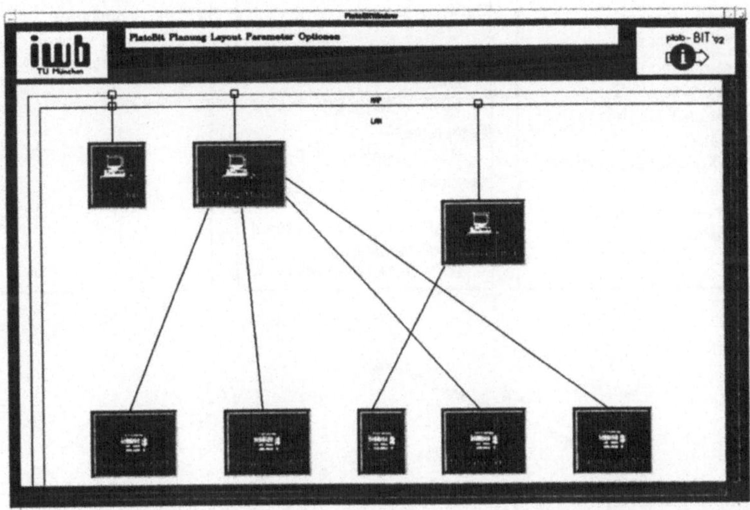


*Bild 61: Grafische Darstellung des geplanten EDV-Systems mit dem Planungssystem Plato-BIT*

Da das Betriebssystem OS/2 nicht echtzeitfähig ist, wurde für den Datenaustausch zwischen den Zellenrechnern und den Maschinensteuerungen eine spezielle Kommunikationssteckkarte ausgewählt. Auf dieser RIC-Karte (Realtime Interface Coprozessor), die über ein eigenes Betriebssystem (RCM) verfügt, sind die Treiber inklusive der dafür benötigten Protokollsoftware für die Maschinensteuerungen der Drehmaschinen, des Mobilen Roboters und des Fahrerlosen Transportsystems eingeplant.

| VAX_3100 | IBM_PS2_Mod.IC | RIC-Karte |
|---|---|---|
| Anwendersoftware:<br>  LS_fuer_VMS<br>  CAM_Datenbasis<br>Betriebssystem:<br>  VMS<br>Treibersoftware:<br>  KMG-Treiber<br>Protokollsoftware:<br>  3964r_Protokoll<br>Kommunikationssoftware:<br>  LAN_fuer_VMS<br>  MAP_unter_VMS<br>Festplatte:<br>  VAX-Festplatte_170_MB<br>Steckkarte:<br>  LAN-Karte_fuer_VAX<br>  MAP-Karte_fuer_VAX | Anwendersoftware:<br>  ZR_fuer_OS2<br>  (DZ1, DZ2,MZ)<br>  MZR_fuer_OS2<br>  ZR_Datenbasis<br>  (DZ1,DZ2,MZ)<br>  MZR_Datenbasis<br>Betriebssystem:<br>  OS2<br>Kommunikationssoftware:<br>  DAE<br>  MAP_unter_OS2<br>Festplatte:<br>  PS2_Festplatte_340_MB<br>Steckkarte:<br>  Speichererweiterung<br>  MAP-Karte_Microchannel<br>  MAP-Modemkarte<br>  **RIC-Karte (s.rechts)** | Betriebssystem:<br>  RCM<br>Treibersoftware:<br>  Dematik_88AD-Treiber<br>  Sinumerik(DM1)-Treiber<br>  Sinumerik(DM2)-Treiber<br>  MobRob-Treiber<br>Protokollsoftware:<br>  DEMAG-Protokoll<br>  LSV2-Protokoll |

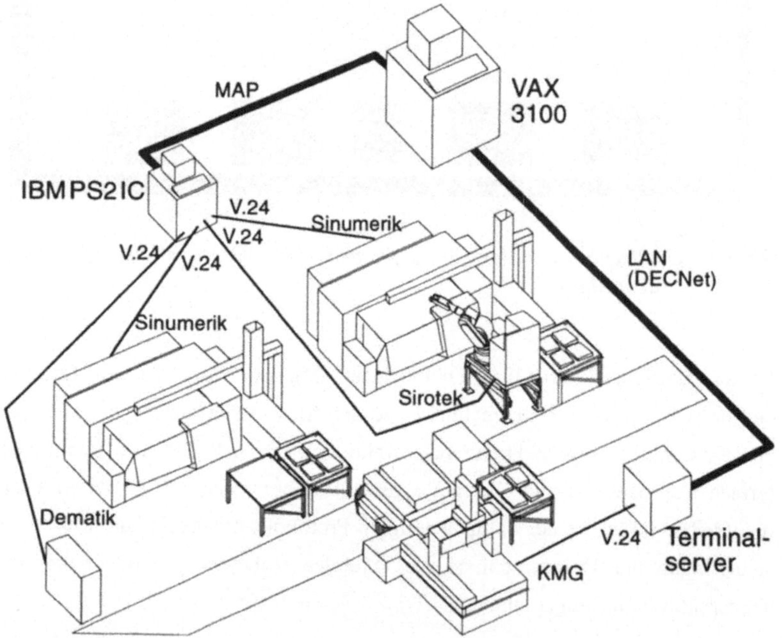


*Bild 62:  Aufgliederung der geplanten Rechner in ihre Bestandteile und Zuordnung zu den eingesetzten Maschinensteuerungen*

**Planungsergebnis bewerten**

Das Planungssystem generiert in dem geschilderten Planungsablauf einen ersten Entwurf, wie das EDV-System zu der zu planenden Fertigungsanlage aussehen könnte. Innerhalb der Planung werden die Planungsrichtlinien 'durchgängiger Informationsfluß', 'minimale Komponentenzahl' und 'maximale Homogenität bei der Komponentenauswahl' konsequent berücksichtigt. Das führt dazu, daß die Kapazitäten der ausgewählten EDV-Komponenten (z.B. Festplatten) so weit wie möglich ausgelastet wurden und daß ein durchgängiger Datenfluß vom Leitsystem über die Zellenrechner zu den Maschinensteuerungen aufgebaut wurde. Im nächsten Schritt kann der Planer seine Erfahrung einbringen, um das konfigurierte EDV-System zu verbessern. Zur Bewertung des geplanten EDV-Systems kann er sich mit dem Planungssystem Listen erstellen lassen, die statistische Informationen beinhalten. In dem vorliegenden Beispiel handelt es sich im wesentlichen um folgenden Daten:

- Dauer des Planungslaufs:    <1 Min.(auf Hewlett Packard Serie 700)

- ausgewählte Komponenten:  37

- benötigte Planungsschritte:  2136

Zur Verbesserung des Planungsergebnisses stehen dem Planer die in Kapitel 7 beschriebenen Manipulationsmöglichkeiten zur Verfügung. Damit kann er beispielsweise die Verwendung eines bestimmten Rechnertyps verbieten oder ein standardisiertes stärker als ein unternehmensspezifisches Kommunikationsmedium gewichten.

**Abschluß des Planungsprojekts**

Liegt eine ausreichende Qualität des geplanten Informationssystems vor, kann der Planer diese Planungsphase mit der Fertigmeldung des bearbeiteten Auftrags an das Projektleitsystem abschließen. Die erzielten Ergebnisse stehen dann den anderen Systemen der Planungsumgebung zur Verfügung.

## 8.4    Bewertung des Planungssystems

Anhand der Ergebnisse und Erkenntnisse, die durch dieses Planungsbeispiel erzielt werden konnten, läßt sich das in dieser Arbeit aufgestellte Planungskonzept einschließlich des Planungssystems bewerten. Als Grundlagen der Bewertung dienen die in Kapitel 4 aufgestellten Anforderungen an ein ideales rechnerunterstütztes Konzept zur Planung von Informationssystemen, wobei als übergeordnete Ziele die 'Erhöhung der Planungsqualität', 'Reduzierung der Planungszeit' und 'Erhöhung der Planungstransparenz' festgelegt wurden. Wie und in welchem Maß das Planungskonzept dazu beitragen kann, die einzelnen Aspekte dieser Anforderungen zu erfüllen, wird nachfolgend erläutert.

Entscheidend für die Planungsqualität sind die im Konzept vorgesehenen Möglichkeiten, äußere Einflüsse auf ein zu planendes Informationssystem zu verarbeiten. Einerseits ist es möglich, die relevanten organisatorischen und technischen Randbedingungen der geplanten Produktionsanlage zu ermitteln. Andererseits können die benötigten informationsverarbeitenden Aufgaben des Informationssystems analysiert werden. Dadurch lassen sich bereits in einer frühen Planungsphase Fehler vermeiden, die durch falsche Interpretationen bzw. Auswertungen bisheriger Planungsergebnisse entstehen können. Auf äußere Einflüsse, die bei Umplanungen durch weiter zu nutzende EDV-Geräte entstehen, kann man durch die Vergabe hoher Prioritäten reagieren. Die bestehenden EDV-Geräte werden zu Beginn der Planung mit der maximalen Priorität beaufschlagt und dadurch fest eingeplant. Das Konzept ist daher für Neu- und Umplanungen geeignet.

Zur Sicherstellung der Planungsqualität während der ganzen Planung von Informationssystemen sind ein durchgehendes Vorgehensmodell und vollständig ineinander überführbare Datenmodelle erforderlich. Dazu weist das Konzept die Phasen Analyse, Entwurf und Bewertung des Informationssystems auf. Die für die einzelnen Phasen benötigten Datenmodelle basieren auf weitverbreiteten Modellierungsmethoden, die über problemorientierte Darstellungstechniken und Symbole verfügen und auch für komplexe Problemstellungen geeignet sind. Über eigens dafür geschaffene Modellelemente (z.B. virtuelle Komponenten) ist der konsistente Übergang zwischen den Datenmodellen sichergestellt.

Als großes Problem heutiger Produktionssysteme ist ihre hohe Komplexität identifiziert worden. Das Konzept stellt deswegen einen Planungsalgorithmus zur

Verfügung, der die Komplexität des Informationssystems nur so groß wie nötig anwachsen läßt. Dieser Algorithmus versucht, einen durchgängig rechnerunterstützten Informationsfluß aufzubauen, aber die Vielzahl und die Vielfalt der dazu benötigten Komponenten möglichst klein zu halten. In manchen Fällen ist es allerdings aufgrund von Verfügbarkeitsüberlegungen erforderlich, Anwendungsprogramme oder Rechner redundant zu betreiben. Dieser Aspekt ist im vorliegenden Planungsalgorithmus noch nicht berücksichtigt.

Wichtig für die breite Anwendung dieses Konzepts ist die darin vorgesehene universelle Beschreibungsmöglichkeit für EDV-Komponenten. Mit den Grundelementen 'Name', 'Eigenschaften', 'Ressourcen' und 'Anforderungen/Bedingungen' kann jede Komponente charakterisiert werden und in der informationstechnischen Datenbasis abgelegt werden. So können auch neue Konzepte und Komponenten, wie z.B. CIM-OSA-Bausteine, in diesem System mit berücksichtigt werden. Die universelle Beschreibungsmöglichkeit bringt aber auch Nachteile mit sich, da das Planungssystem bei der Eingabe neuer Komponenten keine Hilfen anbietet, welche Daten für die Planung unbedingt erforderlich sind. Abhilfe kann eine dafür entwickelte Wissenserwerbskomponente schaffen.

Durch die Integration des Planungskonzepts in die gesamte Planungskette und durch die Unterstützung des dafür realisierten Rechnerwerkzeugs kann die benötigte Planungszeit erheblich reduziert werden. Wie in dem Anwendungsbeispiel gezeigt, liegt die Planungsdauer für den ersten Entwurf eines Informationssystems, der bereits alle relevanten produktionstechnischen Randbedingungen berücksichtigt und einen durchgängigen Informationsfluß aufweisen kann, im Minutenbereich.

Wie gezeigt, wurde das Planungskonzept prototypisch in dem Planungssystem Plato-BIT realisiert. Bei der Anwendung dieses System wurde ersichtlich, daß es an manchen Stellen noch erweitert werden kann. Dabei ist allerdings zu beachten, daß das Planungssystem als Grundgerüst zu verstehen ist, bei dem das Vorgehensmodell und die Datenstrukturen vorgegeben sind. Der modulare Aufbau und die universelle Beschreibungsmöglichkeit der Nutzdaten erlauben dem Anwender, das System seinen Bedürfnissen anzupassen. So könnte das System weitere Programmbausteine anbieten, um das Planungsergebnis zu manipulieren oder neue Komponenten grafisch einzugeben.

Die in dem Anwendungsbeispiel gemachten Erfahrungen zeigen, daß das erarbeitete rechnerunterstützte Planungskonzept einen Beitrag dazu leisten kann, Produktionssysteme im Hinblick auf die vorherrschenden Marktanforderungen optimal zu gestalten, und somit in die richtige Richtung weist.

# 9    Zusammenfassung und Ausblick

In der derzeitigen Situation lassen sich Wettbewerbsvorteile über einen schnellen Markteintritt mit innovativen, optimal an die Marktbedürfnisse angepaßten und qualitativ hochwertigen Produkten erreichen. Dazu müssen Produktionsunternehmen alle Anstrengungen unternehmen, um ihre Produkte schneller zu entwickeln und produzieren sowie dadurch die Zeit von der Produktidee bis zum Markteintritt zu minimieren.

Flexibel automatisierte Fertigungssysteme werden als erfolgversprechende Ansätze beschrieben, den Anforderungen des Marktes gerecht zu werden. Diese Organisationsform ist durch eine hohe Komponentenvielfalt und -vielzahl gekennzeichnet. Um auch zukünftige Anforderungen erfüllen zu können, wird nach einer Trendstudie die Komplexität dieser System noch steigen. Diese erwartete und geforderte Steigerung des Automatisierungsgrads und des Rechnereinsatzes wirkt sich allerdings erschwerend auf die Planung von Produktionssystemen aus, da über die damit verbundene Zunahme des Planungsbedarfs bei einer gleichbleibenden Planungskapazität tendenziell die Planungsgenauigkeit und Planungsqualität abnehmen.

Für die Planung der Bearbeitungs- und Materialflußsysteme in einem Produktionssystem existieren bereits leistungsfähige Ansätze und Hilfsmittel. Für das dritte Teilsystem, das Informationssystem, liegen entweder sehr umfassende, aber noch in der Konzeptphase befindliche Ansätze oder auf Teilgebiete beschränkte Konzepte vor. Diese bestehenden Planungsverfahren weisen vor allem Defizite bei den Anforderungen 'Integration in die gesamte Planungskette', 'Universalität' und 'Rechnerunterstützung' auf. Diese Defizite führen dazu, daß das Informationssystem losgelöst von den Randbedingungen der Bearbeitungs- und Materialflußsysteme geplant werden und damit Inkonsistenzen auftreten können. Desweiteren können bei manchen Verfahren aufgrund der mangelnden Universalität der Komponentenbeschreibung nur speziell auf eine Gestaltungsvorschrift hin entwickelte Informationssystem-Komponenten in der Planung berücksichtigt werden. Die von den untersuchten Planungsansätzen angebotene Rechnerunterstützung umfaßt nicht die gesamte Planung, sondern ist meistens nur für die frühen

Phasen der Planung realisiert.

Als Beitrag zur ganzheitlichen Planung von Produktionssystemen wurde im Rahmen dieser Arbeit ein rechnerunterstütztes Konzept entwickelt, bei dem die Planung des Informationssystems ein integrales Element in der Planungskette eines Produktionssysteme darstellt.

Dazu wurden alle wesentlichen Organisationsformen eines Produktionssystems untersucht und die durch das Informationssystem zu lösenden Aufgaben ermittelt. Mit Hilfe der Informationstechnik können diese Aufgaben unterstützt werden, wobei die informationstechnischen Systeme und Komponenten in eine logische und physikalische Ebene eingeteilt werden können.

Bei der Untersuchung der Planung von Produktionssystemen wurde ersichtlich, daß eine sinnvolle Planung des Informationssystems erst nach der Planung der Bearbeitungs- und Materialflußsysteme möglich ist, und daß die Planung in mehreren iterativen Phasen zu einem Optimum gebracht werden kann.

Im Vergleich zu den bisherigen Arbeiten ist das vorliegende Konzept für die integrierte Stellung der Planung von Informationssystemen ausgelegt. Die Berücksichtigung aller aus anderen Planungsphasen vorliegenden Ergebnisse und Planungskriterien gewährleistet eine konsistente und am Gesamtoptimum ausgerichtete Planung der drei Teilsysteme. Das erarbeitete Konzept basiert auf der prinzipiellen Unterteilung der informationstechnischen Komponenten in eine logische Ebene, der alle aufgabenorientierte, informationsverarbeitende Systemlösungen (wie z.B. DNC-Systeme, CAM-Steuerungs-Systeme) zugerechnet werden, und in eine physikalische Ebene, die alle EDV-Komponenten (Software, Hardware und Netzwerke) zur Unterstützung der Systemlösungen umfaßt. Innerhalb des Konzepts wurde ein Vorgehensmodell erarbeitet, das die übergeordneten Phasen 'Analyse der Anlagenplanungsergebnisse', 'Auswahl und Anpassung geeigneter Systemlösungen', 'Konfigurieren des EDV-Systems' und 'Bewertung und Aufbereitung der Planungsergebnisse' beinhaltet. Zur Ermittlung der in dem zu planenden Informationssystem auszuführenden Aufgaben wurde eine Methode entwickelt, die die in der Anlagenplanung erstellte Beschreibung der Abläufe in einem Produktionssystem analysiert. Anhand dieser zu erfüllenden Aufgaben werden informationsverarbeitende Systemlösungen ausgewählt und über die Aufbauorganisation der Produktionsanlage angepaßt. Über diese auf die Produktionsanlage angepaßten Modelle der Systemlösungen können geeignete EDV-Komponenten ausgewählt und zu einem EDV-System zusammengesetzt werden.

Dieses Konzept wurde im Rahmen dieser Arbeit in ein rechnerunterstütztes Planungswerkzeug umgesetzt. Anhand eines Fallbeispiels wurde die Planung eines Informationssystems für ein flexibles Fertigungssystem aufgezeigt. Dabei wurde gezeigt, daß die formulierten Anforderungen an ein rechnerunterstütztes Konzept zur Planung von Informationssystemen in dieser Arbeit erfüllt werden konnten.

Mit diesem Konzept wurden Methoden und Datenstrukturen erarbeitet, mit denen die Planung prinzipiell möglich ist. Für eine erfolgreiche Anwendung dieses rechnerunterstützten Konzepts ist die Aktualität der EDV-Komponenten-Beschreibung von großer Bedeutung. Es gibt für den EDV-Bereich Nachschlagewerke, die EDV-Konzepte und Programme beinhalten. Wenn in Zukunft diese Informationen in online-Datenbanken zur Verfügung stehen, kann die informationstechnische Datenbasis auf einfache Weise aktuell gehalten werden.

Während der Planung der Informationssysteme werden Datenmodelle über die Systemlösungen und die dazu benötigten EDV-Komponenten aufgebaut. Diese Informationen können für die effektive Inbetriebnahmephase der Rechnersysteme genutzt werden, indem für den Einkauf der Komponenten Stücklisten erstellt werden, für die Aufstellung sowohl Arbeitspläne und Aufstellungszeichung generiert werden und die Installation der Software automatisiert durchgeführt wird.

# 10   Literaturverzeichnis

[AdEA 92] *Adam, W.; Linnemann, H.; Menevidis, Z.:* Beispiel einer auf Standards basierende Kommunikationsinfrastruktur für CIM. In: ZwF-CIM 87 (1992), Heft 7, S. 358 - 361

[Aggt 81] *Aggteleky, B.:* Fabrikplanung. Band 1 u. 2, München : Carl Hanser, 1981

[Beck 91] *Becker, T.:* Investitionsplanung für CAM-Systeme unter besonderer Berücksichtigung des Zeitverhaltens. Aachen, 1991. - Dissertation RWTH Aachen

[Bend 90] *Bender, K.:* Kommunikation als Schlüssel zur Integration. In: Rechnerintegrierte Konstruktion und Produktion. VDI-Bericht (1990) 830, S. 357 - 382

[Bend 93] *Bender, K.:* Automatisierungstechnik im Maschinenbau, ITM Vorlesung WS 93, TU München

[Birk 93] *Birkel, G.:* Ein Wissenserwerbssystem für die Diagnosesystem in komplexen Produktionsanlagen. In: ZwF-CIM, 88 (1993), Heft 6, S. 276-278

[Birn 92] *Birnkraut, D.:* Gestaltung umweltgerechter Fabrikstrukturen - Herausforderung für zukunftssichere Produktionsunternehmen. In Rechnergestützte Fabrikplanung '92. VDI-Bericht (1992) 949, S. 211 - 237

[Boeh 81] *Boehm, B. W.:* Software Engineering Economics. Eaglewood Cliffs, Prentice Hall, 1981

[BtMi 91] *N.N.:* Alle Automatisierung beginnt in der Konstruktion - Interview mit Prof. Milberg. In: Betriebstechnik. (1991), Heft 6, S. 8   10

[BuEA 73] *Bullinger, H.J.; Dangelmaier, W.; Hichert, R.:* Vorgehensweise in der Kapazitätsterminierung im Konstruktions- und Entwicklungsbereich. In: Industrial Engineering 3 (1973), Heft 6

[Chen 76] *Chen, P. P.:* The Entity-Relationship-Model towards a unified view of data. ACM Transactions on Datasystem, 1976

[Cox 86] *Cox, B.:* Object-Oriented Programming - An Evolutionary Approach. Massachusetts : Addison-Wesley, 1986

[CoYo 91] *Coad, P.; Yourdon, E.:* Object-Oriented Analysis. N.J. : Prentice-Hall International Editions, Englewood Cliffs, 1991

[DeMa 79] *DeMarco.,T.:* Structured Analysis and System Specification. New York : Yourdan Press, 1979

[Dill 92]    *Dilling, U.:* Planung von Fertigungssystemen unterstützt durch Wirtschaftlichkeitssimulation. iwb Forschungsberichte Bd. 59. Berlin :
Springer, 1992. - Dissertation TU München

[Dole 73]    *Dolezalek, C.M.:* Planung von Fabrikanlagen. Berlin : Springer, 1973

[EiEA 89]    *Eich, E.; Klinger, R.; Richter, J.; Salfeldt:* Konfigurieren technischer Systeme mittels Expertensystemen. In: atp 31 (1989), Heft 4, S.
182 - 189

[Engh 87]    *Enghardt, W.:* Groblayout-Entwicklung und -Bewertung als Baustein
der Rechnerintegrierten Fabrikplanung. Fortschrittsberichte Bd. 144,
Düsseldorf : VDI-Verlag, 1987. - Dissertation Universität Hannover

[Erke 88]    *Erkes, K. F.:* Gesamtheitliche Planung flexibler Fertigungssysteme
mit Hilfe von Referenzmodellen. Aachen, 1988. - Dissertation
RWTH Aachen

[EvBe 89]    *Eversheim, W.; Becker, T.:* Weiterentwicklungen der Informationstechnik nutzen. In: Industrie-Anzeiger, (1989), Heft 46, S. 43 - 46

[Ever 81]    *Eversheim, W.:* Organisation in der Produktionstechnik. Düsseldorf :
VDI-Verlag, 1981

[Frey 92]    *Frey, V.:* Planung der Leittechnik für flexible Fertigungsanlagen.
Karlsruhe, 1992. - Dissertation Universität Karlsruhe

[FrMi 87]    *Frayman, F.; Mittal, S.:* COSSACK: A Constraint-Based Expert System for Configuration Tasks. Knowledge Based Expert Systems,
Aug.1987, In Engineering, Hrsg.:Sriram, D., Adey, R., S. 144

[Geit 90]    *Geitner, U.W.; Roschmann, K.; Chen, J.; Friedrich, M.; Riepe, S.:*
BDE-Marktübersicht. In: CIM Management, (1990), Heft 4,
München : Oldenbourg, S. 45 - 54

[GeRi 90]    *Gerlach, H.-H.; Rickert, M.:* DV-System zur Planung und Bewertung moderner Fertigungsstrukturen - Konzept und praktische Erfahrungen. In: Rechnerunterstützte Fabrikplanung '90, VDI-Bericht
(1990) 824

[Glas 93]    *Glas, J.:* Standardisierter Aufbau anwendungsspezifischer Zellenrechnersoftware. iwb Forschungsberichte Bd. 61. Berlin : Springer,
1993. - Dissertation TU München

[GoEA 92]    *Godbersen, H.P.; et al.:* Netzbasierte Software-Synthese verteilter
Anwendungen. In: Software Technik in Automation und Kommunikation, VDI-Bericht (1992) 937, S. 199 - 210

[GoLi 86]    *Goldschlager, L.; Lister, A.:* Informatik - Eine moderne Einführung.
München : Carl Hanser, 1986

[GrHe 91]  *Grau, R.; Hecht, J.:* MOSES - Ablaufsteuerung flexibler Monta-
gezellen. Fraunhofer-Institut für Produktionstechnik und Automatisierung. Stuttgart, 1991

[Groc 78]  *Grochla, E.:* Einführung in die Organisationstheorie. Stuttgart :
Poeschel, 1978

[Groh 88]  *Groha, A.:* Universelles Zellenrechnerkonzept für flexible Fertigungssysteme. iwb Forschungsberichte Bd. 14. Berlin : Springer,
1988. - Dissertation TU München

[Grup 87]  *Grupp, B.:* EDV-Pflichtenheft zur Hardware- und Softwareauswahl.
Köln: TÜV Rheinland, 1987

[Günt 91]  *Günter, A.:* Flexible Kontrolle in Expertensystemen zur Planung und
Konfigurierung in technischen Domänen. DISKI Nr. 3, Sankt
Augustin : INFIX, 1991. - Dissertation Universität Hamburg

[HaKi 89]  *Harmon, P.; King, D.:* Expertensysteme in der Praxis. München :
Oldenbourg, 1989

[Hart 90]  *Hartberger, H.:* Wissensbasierte Simulation komplexer Produktionssysteme. iwb Forschungsberichte Bd. 32. Berlin : Springer, 1990.
- Dissertation TU München

[Haus 89]  *Hausknecht, M.:* Expertensystem zur Konfigurationsplanung Flexibler Fertigungsanlagen. Fortschrittsberichte VDI, 1989, Reihe 2:
Fertigungstechnik, Düsseldorf

[Hein 91]  *Heinrich, M.:* Ressourcen-orientierte Modellierung als Basis des
Konfigurierens modularer technischer Systeme. In: Beiträge zum 5.
Workshop "Planen und Konfigurieren", Erlangen : FORWISS, 1991.

[Hert 91]  *Herter, J.:* Qualifizierung für flexible Fertigungssysteme. München :
Carl Hanser, 1991. - Dissertation TU Berlin

[Herz 59]  *Herzberg, F.H.:* The Motivation to Work. In [Wien 89], New York,
1959

[Holz 92]  *Holz, B.F.:* Vom Zeit- zum Marktgewinn: eine Integrationsaufgabe.
In: Aufgaben- und Rechnerintegration, VDI-Bericht (1992) 990

[Jäge 91]  *Jäger, A.:* Systematische Planung komplexer Produktionssysteme.
iwb Forschungsberichte Bd. 31. Berlin : Springer, 1991. - Dissertation TU München

[Kahl 92]  *Kahlenberg, R.:* CAQ-Maßnahmen im CAM-Bereich. VDW-For-
schungsberichte, 1992

[Kauf 91]  *Kauffels, F.-J.:* Rechnernetzwerk-Systemarchitekturen und Datenkommunikation. Reihe Informatik Bd. 54, Mannheim : BI-Wissen-
schaftsverlag, 1991

[KeEA 84] *Kettner, H.; Schmid, Greim:* Leitfaden der systematischen Fabrikplanung. München : Carl Hanser, 1984

[Kief 92] *Kief, H.B.:* FFS-Handbuch '92/93 Einführung in Flexible Fertigungssysteme.

[Kira 89] *Kiratli. G.:* Konzept und Realisierung eines wissensbasierten Systems zur Diagnose und Bedienerunterstützung bei komplexen Fertigungseinrichtungen. Aachen, 1989. - Dissertation RWTH Aachen

[Klev 90] *Klevers, T.:* Systematik zur Analyse des Informationsflusses und Auswahl eines Netzwerkkonzeptes für den planenden Bereich. Aachen, 1990. - Dissertation RWTH Aachen

[Koep 91] *Koepfer, T.:* 3D- grafisch-interaktive Arbeitsplanung - ein Ansatz zur Aufhebung der Arbeitsteilung. iwb Forschungsberichte Bd. 40. Berlin : Springer, 1991. - Dissertation TU München

[KoGü 92] *Kopisch, M.; Günter, A.:* Konfigurierung der Passagierkabine des AIRBUS A340 basierend auf Begriffshierarchie. Constraint-System, In: Beiträge zum 6. Workshop "Planen und Konfigurieren", FORSYS Erlangen, S. 1 - 10, 1992

[Kohe 90] *Kohen, E.:* Informationsverarbeitung in FFS. In: Rechnerintegrierte Konstruktion und Produktion, In: Rechnerintegrierte Konstruktion und Produktion, VDI-Bericht (1990) 830, S. 263 - 280

[KrOd 93] *Kreuzfeldt, H.-F.; Odwody, H.-G.:* Fabrikplanung ohne Rechnerunterstützung ist heute nicht mehr denkbar. ZwF-CIM, 88 (1991), Heft 2, München : Carl Hanser S.53 - 55

[Kupe 91] *Kupec, T.:* Wissensbasiertes Leitsystem zur Steuerung flexibler Fertigungsanlagen. iwb Forschungsberichte Bd. 37. Berlin : Springer, 1991. - Dissertation TU München

[LaAc 90] *Langmoen, R.; Acèl, P.:* Layout Tools für die rechnergestützte Fabrikplanung. In: Rechnerunterstützte Fabrikplanung '90, VDI-Bericht (1990) 824

[McDe 80] *McDermott, J.:* R1: A rule-based configurer of computer systems. Technical Report, PA: Carnegei-Mellon Univ., Pittsburg, Department of Computer Science, (1980), S. 39 - 88

[Mert 84] *Mertins, K.:* Steuerung rechnergeführter Fertigungssystem. München : Carl Hanser, 1984. - Dissertation TU Berlin

[MiEd 93] *Milberg, J.; Eder, T.:* Autonomie und Störungstoleranz - Ein Weg zur Verbesserung der Verfügbarkeit von komplexen Produktionsanlagen. In: Produktionsautomatisierung, (1993), Heft 1, München : Oldenbourg, S. 46 - 49

[MiEG 90]   *Milberg, J.; Eder, T.; Glas, J.:* Offenes und modulares CAM-System. In: Schweizer Maschinenmarkt, (1990), Heft 42, S. 44 - 53

[MiKo 90]   *Milberg, J.; Koepfer, T.:* Wettbewerbsvorteile durch rechnerintegrierte Konstruktion und Produktion. Rechnerintegrierte Konstruktion und Produktion, VDI-Bericht (1990) 830, S. 1 - 25

[MiKo 92]   *Milberg, J.,;Koepfer, T.:* Aufgaben- und Rechnerintegration - Ein Gegensatz zur schlanken Produktion ?. VDI-Bericht (1992) 990

[Milb 91]   *Milberg, J.:* Wettbewerbsfaktor Zeit in Produktionsunternehmen. In: Wettbewerbsfaktor Zeit in Produktionsunternehmen, Münchner Kolloquium '91, Berlin : Springer, S. 13 - 31, 1991

[Milb 92]   *Milberg, J. (Hrsg.):* Von CAD/CAM zu CIM. CIM-Fachmann, Berlin : Springer, 1992

[Müll 91]   *Müller, G.:* Entwicklung einer Systematik zur Analyse und Optimierung des EDV-Einsatzes im planenden Bereich. Aachen, 1991. - Dissertation RWTH Aachen

[N.N. 72]   *N.N.:* DIN 19233. - Automatisierung.

[N.N. 85]   *N.N.:* REFA: Methodenlehre der Planung und Steuerung. Bd. 1, München : Carl Hanser, 1985

[N.N. 86]   *N.N.:* The Ottawa Report on reference Models for Manufacturing Standards, Version 1.1. ISO TC 184/SC5/WG1 Document N51, 1986

[N.N. 87]   *N.N.:* REFA: Planung und Gestaltung komplexer Produktionssysteme. München : Carl Hanser, 1987

[N.N. 87b]   *N.N.:* Planung und Steuerung komplexer Produktionssysteme. München : Carl Hanser, 1987

[N.N. 90a]   *N.N.:* MAP-Studie. DATACOM Verlag, 1990

[N.N. 90b]   *N.N.:* Systemübergreifende Kommunikation von Profibus zu MAP. In: atp 32 (1990), Heft 1

[N.N. 91]   *N.N.:* Kommunikations- und Datenbank-Technik. Bd. 6, Düsseldorf : VDI-Verlag, 1991

[NaSt 92]   *Najmann, O.; Stein, B.:* Zwei induktive Konfigurationsmodelle. In: Beiträge zum 6. Workshop "Planen und Konfigurieren", FORWISS Erlangen, S. 112 - 121

[NeEb 91]   *Nedeljkovic, V.; Ebner, C.:* Zellenrechner und Materialfluß. In: Die neue Fabrik. Landsberg : Moderne Industrie, (1991), S.55 - 59

[Nick 90]   *Nickel, E.:* Neue Informationstechnologien für die Fertigung. In: wt - Z. ind. Fertig., 80 (1990), Berlin : Springer, S. 265

[Ochs 88]    *Ochs, M.:* Entwurf eines Programmsystems zur wissensbasierten
Planung und Konfigurierung. Karlsruhe, 1989. - Dissertation Universität Karlsruhe

[Pans 90]    *Panse, R.:* CIM-OSA - Ein herstellerunabhängiges CIM-Konzept.
DIN-Mitteilung 69, Nr. 3, 1990

[Patz 82]    *Patzak, G.:* Systemtechnik- Planung komplexer innovativer Systeme.
Berlin : Springer, 1982

[PiHa 87]    *Pirbhai, A.; Hatley, D.:* Strategies for Real-Time System Specification. New York : Dorset House, 1987

[Pupp 90]    *Puppe, F.:* Problemlösungsmethoden in Expertensystemen. Berlin :
Springer, 1990

[Raas 91]    *Raasch, J.:* Systementwicklung mit Strukturierten Methoden.
München : Carl Hanser, 1991

[Rait 91]    *Raith, P.:* Inbetriebnahme - Ein Weg zum schnellen Start. In: Die
neue Fabrik. Landsberg : Moderne Industrie, (1991), S. 70 - 71

[Reck 90]    *Reckmann, L.:* Informationsverarbeitung in CIM-Systemen - Ein
Beitrag zum montageorientierten Informationsumsatz im Prozeß.
Dissertation, Bochum, 1990

[ScEA 90]    *Schönheit, M.; Wiegershaus, U.; Kiesewetter, S.:* Flexible Fertigung. Fachgebiete in Jahresübersichten, In: VDI-Z, 132 (1990), Heft
10, Düsseldorf : VDI-Verlag, S. 92 - 109

[Sche 90]    *Scheer, A.-W.:* CIM - Der computergesteuerte Industriebetrieb.
Berlin : Springer, 1990

[Schm 89]    *Schmitt, E.:* Werkstattsteuerung bei wechselnder Auftragsstruktur.
Karlsruhe, 1989. - Dissertation Universität Karlsruhe

[Scho 90]    *Scholz-Reiter, B.:* CIM-Informations- und Kommunikationssysteme.
München : Oldenbourg, 1990

[Schö 91a]   *Schöpf, M.:* Computergestützte Maschinen- und Anlagenplanung. In:
Die neue Fabrik. Landsberg : Moderne Industrie, (1991), S. 32 - 35

[Schö 91b]   *Schönecker, W.:* Integrierte Diagnose in Produktionszellen. iwb
Forschungsberichte Bd. 45. Berlin : Springer, 1991. - Dissertation TU
München

[Scho 92]    *Schossig, H.-P.:* Rechnergeführte Produktion in mittelständischen
Betrieben. In: CIM Management, (1992), Heft 2, München : Oldenbourg, S. 18 - 26

[Schö 93]    *Schöpf, M.:* Projektinformations- und Koordinationssystem für das
Fertigungsvorfeld. Dissertation TU München, 1993

[Schu 90]   *Schulz, H. (Hrsg.):* CIM-Planung und -Einführung. CIM-Fachmann, Berlin : Springer, 1990

[Schu 92]   *Schuster, G.:* Rechnergestütztes Planungssystem für die flexibel automatisierte Montage. iwb Forschungsberichte Bd. 55. Berlin : Springer, 1992. - Dissertation TU München

[Schw 91]   *Schwall, E.:* Software-Standardisierung bei fertigungsleittechnischen Kundenprojekten. ABB Schalt- und Steuerungstechnik GmbH, 1991

[Spec 89]   *Specht, D.:* Wissensbasierte Systeme im Produktionsbetrieb. München : Carl Hanser, 1989

[Spur 82]   *Spur, G.:* Fertigungstechnik. Sonderdruck aus ZwF-CIM, 79, 1982

[Spur 88]   *Spur, G.:* Einführungsstrategien in CIM. In: VDI-Z 130 (1988), Heft 10, Düsseldorf : VDI-Verlag, S. 12 - 14

[Stet 94]   *Stetter, R.:* Rechnergestützte Simulationswerkzeuge zur Effizienzsteigerung des Industrierobotereinsatzes. iwb Forschungsberichte Bd. 62. Berlin : Springer, 1994. - Dissertation TU München

[SuSi 86]   *Suppan-Borowka, J.; Simon, T.:* MAP Datenkommunikation in der automatisierten Fertigung. DATACOM, 1986

[Vieh 92]   *Viehweger, B.:* FFS als wesentlicher Bestandteil von Fertigungsarchitekturen. In: CIM Management, (1992), Heft 2, München : Oldenbourg, S. 10 - 17

[Weck 90]   *Weck, M. (Hrsg.):* Wettbewerbsfaktor Produktionstechnik/ Aachener Werkzeugmaschinen-Kolloquium '90. Düsseldorf : VDI-Verlag, 1990

[WiBi 90]   *Wiendahl, H.-P.,;Birnkraut, D.:* Ganzheitliche Fabrikplanung - Herausforderung und Chance für Produktionsunternehmen. In: Rechnerunterstützte Fabrikplanung '90, VDI-Bericht (1990) 824, S. 1 - 26

[WiEn 86]   *Wiendahl, H.-P.; Enghardt, W.:* Rechnerunterstützte Grobplanung von Fabrikanlagen unter Einbezug praxisgerechter Randbedingungen. In: wt - Z. ind. Fertig., 76 (1986), Berlin : Springer , S. 741 - 744

[Wien 86]   *Wiendahl, H.-P.:* Betriebsorganisation für Ingenieure. 2. Auflage, München : Carl Hanser, 1986

[Wien 89]   *Wiendahl, H.-P.:* Betriebsorganisation für Ingenieure. 3. Auflage, München : Carl Hanser, 1989

[Wien 91]   *Wiendahl, H.-P.:* Analyse und Neuordnung der Fabrik. CIM-Fachmann, Berlin : Springer, 1991

[Wies 89]   *Wieser, R.:* Methoden zur rechnergestützten Konfigurierung von Fertigungsanlagen. Karlsruhe, 1989. - Dissertation Universität Karlsruhe

[Woen 94]   *Woenckhaus, C.:* Rechnergestütztes System zur automatisierten 3D-Layoutoptimierung. iwb Forschungsberichte Bd. 65. Berlin : Springer, 1994. - Dissertation TU München

[WoEA 90]   *Womack, P.; Jones, D.; Roos, D.:* The machine that changed the world. New York : Rawson Associates, 1990

[Wöhe 90]   *Wöhe, G.:* Einführung in die Allgemeine Betriebswirtschaftslehre. 17. Auflage, München : Vahlen, 1990

# iwb Forschungsberichte

Berichte aus dem Institut für Werkzeugmaschinen und Betriebswissenschaften
der Technischen Universität München

Herausgeber: Prof. Dr.-Ing. J. Milberg und Prof. Dr.-Ing. G. Reinhart

---


1 **Streifinger, E.**
Beitrag zur Sicherung der Zuverlässigkeit und Verfügbarkeit
moderner Fertigungsmittel
1986. 72 Abb. 167 Seiten, ISBN 3-540-16391-3     68,- DM

2 **Fuchsberger, A.**
Untersuchung der spanenden Bearbeitung von Knochen
1986. 90 Abb. 175 Seiten, ISBN 3-540-16392-1     68,- DM

3 **Maier, C.**
Montageautomatisierung am Beispiel des Schraubens mit
Industrierobotern
1986. 77 Abb. 144 Seiten, ISBN 3-540-16393-X     68,- DM

4 **Summer, H.**
Modell zur Berechnung verzweigter Antriebsstrukturen
1986. 74 Abb. 197 Seiten, ISBN 3-540-16394-8     68,- DM

5 **Simon, W.**
Elektrische Vorschubantriebe an NC-Systemen
1986. 141 Abb. 198 Seiten, ISBN 3-540-16693-9     68,- DM

6 **Büchs, S.**
Analytische Untersuchungen zur Technologie der Kugelbearbeitung
1986. 74 Abb. 173 Seiten, ISBN 3-540-16694-7     68,- DM

7 **Hunzinger, I.**
Schneiderodierte Oberflächen
1986. 79 Abb. 162 Seiten, ISBN 3-540-16695-5     68,- DM

8 **Pilland, U.**
Echtzeit-Kollisionsschutz an NC-Drehmaschinen
1986. 54 Abb. 127 Seiten, ISBN 3-540-17274-2     68,- DM

9 **Barthelmeß, P.**
Montagegerechtes Konstruieren durch die Integration
von Produkt- und Montageprozeßgestaltung
1987. 70 Abb. 144 Seiten, ISBN 3-540-18120-2     68,- DM

10 **Reithofer, N.**
Nutzungssicherung von flexibel automatisierten Produktionsanlagen
1987. 84 Abb. 176 Seiten, ISBN 3-540-18440-6     68,- DM

11 **Diess, H.**
Rechnerunterstützte Entwicklung flexibel automatisierter
Montageprozesse
1988. 56 Abb. 144 Seiten, ISBN 3-540-18799-5     73,- DM

12  Reinhart, G.
Flexible Automatisierung der Konstruktion
und Fertigung elektrischer Leitungssätze
1988, 112 Abb. 197 Seiten, ISBN 3-540-19003-1                73,- DM

13  Bürstner, H.
Investitionsentscheidung in der rechnerintegrierten Produktion
1988, 77Abb. 190 Seiten, ISBN 3-540-19099-6                73,- DM

14  Groha, A.
Universelles Zellenrechnerkonzept für flexible Fertigungssysteme
1988, 74 Abb. 153 Seiten, ISBN 3-540-19182-8                73,- DM

15  Riese, K.
Klipsmontage mit Industrierobotern
1988, 92 Abb. 150 Seiten, ISBN 3-540-19183-6                73,- DM

16  Lutz, P.
Leitsysteme für rechnerintegrierte Auftragsabwicklung
1988, 44 Abb. 144 Seiten, ISBN 3-540-19260-3                73,- DM

17  Klippel, C.
Mobiler Roboter im Materialfluß eines flexiblen Fertigungssystems
1988, 86 Abb. 164 Seiten, ISBN 3-540-50468-0                73,- DM

18  Rascher, R.
Experimentelle Untersuchungen zur Technologie der Kugelherstellung
1989, 110 Abb. 200 Seiten, ISBN 3-540-51301-9                73,- DM

19  Heusler, H.-J.
Rechnerunterstützte Planung flexibler Montagesysteme
1989, 43 Abb. 154 Seiten, ISBN 3-540-51723-5                73,- DM

20  Kirchknopf, P.
Ermittlung modaler Parameter aus Übertragungsfrequenzgängen
1989, 57 Abb. 157 Seiten, ISBN 3-540-51724                73,- DM

21  Sauerer, Ch.
Beitrag für ein Zerspanprozeßmodell Metallbandsägen
1990, 89 Abb. 166 Seiten, ISBN 3-540-51868-1                78,- DM

22  Karstedt, K.
Positionsbestimmung von Objekten in der Montage-
und Fertigungsautomatisierung
1990, 92 Abb. 157 Seiten, ISBN 3-540-51879-7                78,- DM

23  Peiker, St.
Entwicklung eines integrierten NC-Planungssystems
1990, 66 Abb. 180 Seiten, ISBN 3-540-51880-0                78,- DM

24  Schugmann, R.
Nachgiebige Werkzeugaufhängungen für die automatische Montage
1990. 71 Abb. 155 Seiren, ISBN 3-540-52138-0                78,- DM

25  **Wrba, P**
Simulation als Werkzeug in der Handhabungstechnik
1990, 125 Abb., 178 Seiten, ISBN 3-540-52231-X                78,- DM

26  **Eibelshäuser, P.**
Rechnerunterstützte  experimentelle Modalanalyse
mitells gestufter Sinusanregung
1990, 79 Abb., 156 Seiten, ISBN 3-540-52451-7                78,- DM

27  **Prasch, J.**
Computerunterstützte Planung von chirurgischen Eingriffen
in der Orthopädie
1990, 113 Abb., 164 Seiten, ISBN 3-540-52543-2                78,- DM

28  **Teich, K.**
Prozeßkommunikation und Rechnerverbund in der Produktion
1990, 52 Abb., 158 Seiten, ISBN 3-540-52764-8                78,- DM

29  **Pfrang, W.**
Rechnergestützte und graphische Planung manueller
und teilautomatisierter Arbeitsplätze
1990, 59 Abb., 153 Seiten, ISBN 3-540-52829-6                78,- DM

30  **Tauber, A.**
Modellbildung kinematischer Stukturen
als Komponente der Montageplanung
1990, 93 Abb., 190 Seiten, ISBN 3-540-52911-X                78,- DM

31  **Jäger, A.**
Systematische Planung komplexer Produktionssysteme
1991, 75 Abb., 148 Seiten, ISBN 3-540-53021-5                78,- DM

32  **Hartberger, H.**
Wissensbasierte Simulation komplexer Produktionssysteme
1991, 58 Abb., 154 Seiten, ISBN 3-540-53326-5                78,- DM

33  **Tuczek H.**
Inspektion von Karosseriepreßteilen auf Risse und Einschnürungen
mittels Methoden der Bildverarbeitung
1992, 125 Abb., 179 Seiten, ISBN 3-540-53965-4                88,- DM

34  **Fischbacher, J.**
Planungsstrategien zur strömungstechnischen Optimierung
von Reinraum-Fertigungsgeräten
1991, 60 Abb., 166 Seiten, ISBN 3-540-54027-X                78,- DM

35  **Moser, O.**
3D-Echtzeitkollisionsschutz für Drehmaschinen
1991, 66 Abb., 177 Seiten, ISBN 3-540-54076-8                78,- DM

36  **Naber, H.**
Aufbau und Einsatz eines mobilen Roboters mit
unabhängiger Lokomotions- und Manipulationskomponente
1991, 85 Abb., 139 Seiten, ISBN 3-540-54216-7                78,- DM

37  **Kupec, Th.**
Wissensbasiertes Leitsystem zur Steuerung flexibler Fertigungsanlagen
1991, 68 Abb., 150 Seiten, ISBN 3-540-54260-4                78,- DM

38  Maulhardt, U.
Dynamisches Verhalten von Kreissägen
1991, 109 Abb., 159 Seiten, ISBN 3-540-54365-1                        78,- DM

39  Götz, R.
Stukturierte Planung flexibel automatisierter Montagesysteme
für flächige Bauteile
1991,  86 Abb., 201 Seiten, ISBN 3-540-54401-1                        78,- DM

40  Koepfer, Th.
3D- grafisch-interaktive Arbeitsplanung – ein Ansatz
zur Aufhebung der Arbeitsteilung
1991, 74 Abb., 126 Seiten, ISBN 3-540-54436-4                        78,- DM

41  Schmidt, M.
Konzeption und Einsatzplanung flexibel automatisierter
Montagesysteme
1992, 108 Abb., 168 Seiten, ISBN 3-540-55025-9                        88,- DM

42  Burger, C.
Produktionsregelung mit entscheidungsunterstützenden
Informationssystemen
1992, 94 Abb., 186 Seiten, ISBN 5-540- 55187-5                        88,- DM

43  Hoßmann, J.
Methodik zur Planung der automatischen Montage von nicht
formstabilen Bauteilen
1992, 73 Abb., 168 Seiten, ISBN 3-540-5520-0                        88,- DM

44  Petry, M.
Systematik zur Entwicklung eines modularen Programm-
baukastens für robotergeführte Klebeprozesse
1992, 106 Abb., 139 Seiten ISBN 3-540-55374-6                        88,- DM

45  Schönecker, W.
Integrierte Diagnose in Produktionszellen
1992, 87 Abb., 159 Seiten, ISBN 3-540-55375-4                        88,- DM

46  Bick, W.
Systematische Planung hybrider Montagesyste unter
Berücksichtigung der Ermittlung des optimalen Automatisierungsgrades
1992, 70 Abb., 156 Seiten  ISBN 3-540-55377-0                        88,- DM

47  Gebauer, L.
Prozeßuntersuchungen zur automatisierten Montage
von optischen Linsen
1992, 84 Abb., 150 Seiten, ISBN 3-540- 55378-9                        88,- DM

48  Schrüfer, N.
Erstellung eines 3D -Simulationssystems zur Reduzierung
von Rüstzeiten bei der NC-Bearbeitung
1992, 103 Abb., 161 Seiten, ISBN 3-540-55431-9                        88,- DM

49  Wisbacher, J.
Methoden zur rationellen Automatisierung der Montage
von Schnellbefestigungselementen
1992, 77 Abb., 176 Seiten, ISBN 3-540-55512-9                        88,- DM

50  Garnich. F.
Laserbearbeitung mit Robotern
1992, 110 Abb., 184 Seiten, ISBN 3-540- 55513-7                        88,- DM

51  **Eubert, P.**
Digitale Zustandsregelung elektrischer Vorschubantriebe
1992, 89 Abb., 159 Seiten, ISBN 3-540-44441-2                 88,- DM

52  **Glaas, W.**
Rechnerintegrierte Kabelsatzfertigung
1992, 67 Abb., 140 Seiten, ISBN 3-540-55749-0                 88,- DM

53  **Helml, H.J.**
Ein Verfahren zur on-line Fehlererkennung und Diagnose
1992, 60 Abb., 153 Seiten, ISBN 3-540-55750-4                 88,- DM

54  **Lang, Ch.**
Wissensbasierte Unterstützung der Verfügbarkeitsplanung
1992, 75 Abb., 150 Seiten, ISBN 3-540-55751-2                 88,- DM

55  **Schuster, G.**
Rechnergestütztes Planungssystem für die flexibel
automatisierte Montage
1992, 67 Abb., 135 Seiten, ISBN 3-540-55830-6                 88,- DM

56  **Bomm, H.**
Ein Ziel- und Kennzahlensystem zum Investitionscontrolling
komplexer Produktionssysteme
1992, 87 Abb., 195 Seiten, ISBN 3-540-55964-7                 88,- DM

57  **Wendt, A.**
Qualitätssicherung in flexibel automatisierten Montagesystemen
1992, 74 Abb., 179 Seiten, ISBN 3-540-56044-0                 88,- DM

58  **Hansmaier, H.**
Rechnergestütztes Verfahren zur Geräuschminderung
1993, 67 Abb., 156 Seiten, ISBN 3-540-56043-2                 88,- DM

59  **Dilling, U.**
Planung von Fertigungssystemen unterstützt
durch Wirtschaftlichkeitssimulation
1993, 72 Abb., 146 Seiten, ISBN 3-540-56307-5                 88,- DM

60  **Strohmayr, R.**
Rechnergestützte Auswahl und Konfiguration
von Zubringeoinrichtungen
1993, 80 Abb., 152 Seiten, ISBN 3-540-56652-X                 88,- DM

61  **Glas, J.**
Standardisierter Aufbau anwendungsspezifischer
Zellenrechnersoftware
1993, 80 Abb., 145 Seiten, ISBN 3-540-56890-5                 88,- DM

62  **Stetter, R.**
Rechnergestützte Simulationswerkzeuge zur
Effizienzsteigerung des Industrierobotereinsatzes
1994, 91 Abb., 146 Seiten, ISBN 3-540-568891                 88,- DM

63  **Dirndorfer, A.**
Robotersysteme zur förderbandsynchronen Montage
1993, 76 Abb, 144 Seiten, ISBN 3-540-57031-4                 88,- DM

64  **Wiedemann, M.**
Simulation des Schwingungsverhaltens spanender Werkzeugmaschinen
1993, 81 Abb., 137 Seiten, ISBN 3-540-57177-9                 88,- DM

65  **Woenckhaus, Ch.**
Rechnergestütztes System zur automatisierten 3D-Layoutoptimierung
1994, 81 Abb., 140 Seiten,ISBN 3540-57284-8                                88,- DM

66  **Kummetsteiner, G.**
3D-Bewegungssimulation als integratives Hilfsmittel zur Planung
manueller Montagesysteme
1994, 62 Abb.; 146 Seiten, ISBN 3-540-57535-9                             88,- DM

67  **Kugelmann, F.**
Einsatz nachgiebiger Elemente zur wirtschaftlichen Automatisierung
von Produktionssystemen
1993, 76 Abb., 144 Seiten, ISBN 3-540-57549-9                             88,- DM

68  **Schwarz, H.**
Simulationsgestützte CAD/CAM-Kopplung für die 3D-Laserbearbeitung
mit integrierter Sensorik
1994, 96 Abb., 148 Seiten, ISBN 3-540-57577-4                             88,- DM

69  **Viethen, U.**
Systematik zum Prüfen in Flexiblen Fertigungssytemen
1994, 70 Abb., 142 Seiten, ISBN 3-540-57794-7                             88,- DM

70  **Seehuber, M.**
Automatische Inbetriebnahme geschwindigkeitsadaptiver Zustandsregler
1994, 72 Abb., 155 Seiten, ISBN 3-540-57896-X                             88,- DM

71  **Amann, W.**
Eine Simulationsumgebung für Planung und Betrieb
von Produktionssystemen
1994, 71 Abb., 129 Seiten, ISBN 3-540-57924-9                             88,- DM

73  **Welling, A.**
Effizienter Einsatz bildgebender Sensoren zur Flexibilisierung
automatisierter Handhabungsvorgänge
1994, 66 Abb., 139 Seiten, ISBN 3-540-580-0                               88,- DM

74  **Zetlmayer, H,**
Verfahren zur simulationsgestützen Produktionsregelung
in der Einzel- und Kleinserienproduktion
1994, 62 Abb., 143 Seiten, ISBN 3-540-58134-0                             88,- DM

75  **Lindl, M.**
Auftragsleittechnik für Konstruktion und Arbeitsplanung
1994, 66 Abb,. 147 Seiten, ISBN 3-540-58221-5                             88,- DM

76  **Zipper, B.**
Das integrierte Betriebsmittelwesen – Baustein einer flexiblen Fertigung
1994, 64 Abb., 147 Seiten, ISBN 3-540-58222-3                             88,- DM

77  **Raith, P.**
Programmierung und Simulation von Zellenabläufen
in der Arbeitsvorbereitung
1995, 51 Abb., 130 Seiten, ISBN 3-540-58223-1                             88,- DM

78  **Engel, A.**
Strömungstechnische Optimierung von Produktionssystemen
durch Simulation
1994, 69 Abb., 160 Seiten, ISBN 3-540-58258-4                             88,- DM

79  **Zäh, M. F.**
Dynamisches Prozeßmodell Kreissägen
1995,  95 Abb., 186 Seiten, ISBN 3-540-58624-5                88,- DM

80  **Zwanzer, N.**
Technologisches Prozeßmodell für die Kugelschleifbearbeitung
1995, 65 Abb., 150 Seiten, ISBN 3-540-58634-2                88,- DM

81  **Romanow, P.**
Konstruktionsbegleitende Kalkulation von Werkzeugmaschinen
1995, 66 Abb., 151 Seiten, ISBN 3-540-58771-3                88,- DM

82  **Kahlenberg, R.**
Integrierte Qualitätssicherung in flexiblen Fertigungszellen
1995, 71 Abb., 136 Seiten, ISBN 3-540-58772-1                88,- DM

83  **Huber,  A.**
Arbeitsfolgenplannung mehrstufiger Prozesse in der Hartbearbeitung
1995, 87 Abb., 152 Seiten, ISBN 3-540-58773-X                88,- DM

84  **Birkel, G.**
Aufwandsminimierter Wissenserwerb für die Diagnose
in flexiblen Produktionszellen
1995, 64 Abb., 137 Seiten, ISBN 3-540-58869-8                88,- DM

85  **Simon, D.**
Fertignungsregelung durch zielgrößenorientierte Planung und
logistisches Störungsmanagment
1995, 77 Abb., 132 Seiten, ISBN 3-540-58942-2                88,- DM

87  **Rockland, M.**
Flexibilisierung der automatischen Teilebereitstellung in Montageanlagen
1995, 83 Abb., 151 Seiten,  ISBN 3-540-58999-6               88,- DM

88  **Linner, St.**
Konzept einer integrierten Produktentwicklung
1995, 67 Abb., 168 Seiten, ISBN 3-540-59016-1               88,- DM

89  **Eder, Th.**
Integrierte Planung von Informationssystemen für rechnergestützte
Produktionssysteme
1995, 62 Abb., 150 Seiten, ISBN 3-540-59084-6               88,- DM

90  **Deutschle, U.**
Prozeßorientierte Organisation der Auftragsentwicklung in mittelständischen
Unternehmen
1995, 80 Abb., !88 Seiten, ISBN 3-540-59337-3               88,- DM

---

Die Bände sind im Erscheinungsjahr und in den folgenden drei Kalenderjahren
zu beziehen durch den örtlichen Buchhandel
oder durch Lange & Springer, Otto-Suhr-Allee 26-28, 10585 Berlin